Wolfgang Pollmann. Viren – Botschafter lebender Systeme

W0088872

Viren stehen auf der Grenze zwischen belebter und unbelebter Natur. Als extrem kleine und nicht-zelluläre Strukturen blieben sie dem Menschen lange Zeit verborgen. Nur ihre unheimliche Wirkung als Krankheitserreger bezeugte ihre Macht. Aufgrund ihrer wissenschaftlichen Grenzstellung sind Viren darüber hinaus besonders geeignet, um den Einstieg in die Geheimnisse der Lebensvorgänge zu finden. Da sie mit ihren Nukleinsäuren die gleiche biologische Sprache wie alle lebenden Zellen und Organismen sprechen, vermögen sie auch als Boten zwischen den lebenden Systemen zu fungieren.

Wolfgang Pollmann führt den Leser in dieses wichtige und vielfältige biologische Forschungsgebiet ein. Er bietet – auch für den Nichtwissenschaftler verständlich – das Grundlagenwissen über Aufbau und Funktion der Viren, ihre Wirkungsweise als Krankheitserreger und über therapeutische Möglichkeiten der Virusbekämpfung.

*Wolfgang Pollmann*, Prof. Dr. rer. nat., geb. 1935 in Bielefeld, Mikrobiologe und Virologe, ist Leiter der Biochemischen Abteilung und Mitglied der Forschungsleitung in einem bedeutenden deutschen Pharma-Unternehmen. Seit 1973 ist er Professor für Mikrobiologie an der Universität Mainz. Zahlreiche Vorträge und Veröffentlichungen auf den Gebieten Virus, Nukleinsäuren sowie Arzneimittelwirkungen.

Serie Piper:

Wolfgang Pollmann

# Viren –
# Botschafter lebender Systeme

Eine Einführung
in die Virusforschung

R. Piper & Co. Verlag

ISBN 3-492-00453-9
© R. Piper & Co. Verlag, München 1977
Umschlag Wolfgang Dohmen
Gesetzt aus der Times-Antiqua
Gesamtherstellung Clausen & Bosse, Leck/Schleswig
Printed in Germany

# Inhalt

# 1. Einleitung

Die Geschichte der Menschheit, ja des Lebens insgesamt, ist auf das engste mit dem Begriff der Krankheit verknüpft. Das unberechenbare Zuschlagen der Krankheit wie ein Blitz aus heiterem Himmel mußte besonders den Menschen der Frühzeit zutiefst mit Angst und Unverständnis erfüllen. So ist es nur zu begreiflich, daß die meisten Krankheiten als Strafen von Göttern und Dämonen aufgefaßt wurden. Noch im Mittelalter bezeichnete man die Pest als »Geißel Gottes«. Albrecht Dürer hat 1498 in seiner berühmten Holzschnittfolge die Pest zusammen mit dem Krieg, Hunger und Tod ergreifend als einen der vier apokalyptischen Reiter dargestellt. Der Begriff »Pest« steht hierbei entsprechend seiner lateinischen Wurzel »pestis« = Seuche stellvertretend für den Begriff »Krankheit«. Mit Gelöbnissen oder Symbolen versuchte der Mensch das »Schicksal zu wenden«. Damit wurde entsprechend einer Kausalkette von Ursache und Wirkung von der beobachteten Wirkung »Krankheit« auf die unbekannte und somit unbegreifliche Ursache geschlossen.

Aber schon die griechischen Philosophen, wie Pythagoras von Samos (etwa 500 v. Chr.), versuchten anstelle der unberechenbaren, strafenden Ursachen erste Naturgesetze zu einer Krankheitserklärung heranzuziehen. An der Wende vom 15. zum 16. Jahrhundert entstanden im christlichen Abendland wertfreie, messende Arbeiten in Richtung Biologie, Chemie und Physik, die bald Eingang in die Medizin fanden. Es war die Zeit der Fragen und der ersten messenden Experimente angebrochen. Auch die Krankheit war nicht mehr tabu. Man fragte nach dem »warum« (Ätiologie) sowie nach der Entstehung, dem »wie« der Krankheit, der Pathogenese. Aus den Symptomen der Krankheit lernte man in den nächsten Jahrhunderten, eine Diagnose zu stellen. Hier folgte – soweit möglich – eine Therapie und schließlich die Prognose, die Frage nach der Aussicht auf Heilung. Als Beispiel sei die 1543 erschienene Arbeit von Andreas VESAL »De humani corporis fabrica libri septem« (Vom Bau des menschlichen Körpers in 7 Büchern) erwähnt. Etwa 1530 wies PARACELSUS darauf hin, daß Heilung aus einer inneren Lebenskraft – wir würden heute sagen »Widerstandskraft« – heraus entstehen muß. Unterstützt wird die Heilung dabei durch Arzt und Arznei. – So wird der geschichtliche Wandel im Verständnis von Krankheit deutlich: Vom dämonisch-unverständlichen Geschehen über die philosophische Interpretation schließlich hin zur naturwissenschaftlichquantitativ begründeten Erklärung. Das heißt allerdings nicht, daß die apokalyptischen Reiter inzwischen an Bedeutung verloren hätten. Nach wie vor spielen Krankheit, Krieg, Hunger und Tod die entscheidende Rolle auf der Erde. Das Verdienst der philosophisch-naturwissenschaftlichen Aufklärung ist es aber, dem Menschen ein gut Stück der Angst genommen zu haben. So, wie es gelang, den Blitz auf eine natürliche elektrophysikalische Ladung zurückzuführen und den Blitzableiter zu entwickeln, so gelang es im Laufe der Jahrhunderte auch, der Krankheit das Dämonische zu nehmen. – Wir sind hiermit aber der Zeit schon weit voraus geeilt und wollen zunächst zurück in das 16. Jahrhundert gehen. Im Jahre 1544 sah Augier Ghislain de Busbecq, Gesandter des Heiligen Römischen Reiches am Osmanischen Hofe Suleimans des Prächtigen, zum erstenmal eine in Europa unbekannte Blume, die Tulpe. Sie hatte ihren Namen im Hinblick auf eine gewisse Ähnlichkeit zum Turban erhalten. Es gelang de Busbecq, einige Exemplare an den bekannten Niederländischen Naturforscher Carolus Clusius zu senden. Clusius beobachtete nun 1576, daß er die spontan entstandene Buntstreifigkeit einiger Tulpen auf andere Tulpenzwiebeln übertragen konnte, wenn er sie mit dem Saft der buntgestreiften Pflanzen einrieb. Noch heute können wir solche herrlichen gestreiften Blüten auf den Bildern alter holländischer Meister bewundern. Für die Tulpenzucht waren diese Beobachtungen von größtem Wert. Eine wissenschaftliche Auswertung der Befunde konnte allerdings noch nicht erfolgen, dazu war die Zeit noch nicht reif. Erst in den nächsten Jahrhunderten kam es zu einer Fülle neuer Erkenntnisse und Beschreibungen – Befunde, die allerdings zunächst scheinbar wenig miteinander zu tun hatten.

Der niederländische Brillenglasschleifer Antoni van LEEUWENHOEK setzte im Jahre 1683 zwei Linsen in einem bestimmten Abstand hintereinander und erhielt zu seiner Verwunderung eine wesentlich stärkere Vergrößerung als mit nur einer Linse. Mit großer Begeisterung und wissenschaftlicher Neugier beobachtete LEEUWENHOEK das wimmelnde Leben in einem Tropfen Wasser, das er aus einem Heuaufguß entnommen hatte. Seinen ersten Zeichnungen der gefundenen Mikroorganismen muß noch heute Bewunderung gezollt werden. Es gelang ihm ebenfalls, die etwa 7 Mikrometer (Millionstelmeter) großen roten Blutkörperchen erstmals sichtbar zu machen. Damit war gezeigt, daß lebende Strukturen in der Form kleinster abgegrenzter Bereiche existieren. Der englische Physiker Robert HOOKE prägte bereits Ende des 17. Jahrhunderts vom lateinischen Wort »cella« ( = Kammer) den Begriff der Zelle. Theodor SCHWANN, Anatom und Naturforscher in Löwen und Lüttich, konnte 1838 mit der Hilfe wesentlich verbesserter Mikroskope zeigen, daß alle Pfanzen und Tiere aus Zellen aufgebaut sind. Mit den heutigen Mikroskopen können Teilchen bis hinab zur Größe von 0,2 µm (Millionstelmeter) beobachtet werden, mit dem modernen Elektronenmikroskop sogar bis zu 0,002 µm. Die so sichtbar gemachten Strukturen sind im wahrsten Sinne des Wortes unvorstellbar klein.

Der Arzt und Pathologe Rudolf VIRCHOW nahm 1858 die zelluläre Struktur des lebenden Organismus zum Ausgangspunkt seiner Zellularpathologie. Nach VIRCHOW beruhen die Lebensvorgänge auch der komplexen höheren Organismen – wie der Mensch – letztlich auf Vorgängen in den einzelnen Zellen. Wenn dem so ist, so müssen aber auch die Krankheiten ihre Ursache in Störungen der Zelle besitzen. Diese Vorstellungen besitzen im weiteren Sinne auch heute noch ihre Gültigkeit.

Im Jahre 1869 untersuchte Friedrich MIESCHER in den Laboratorien von Hoppe-Seyler im Tübinger Schloß eine neuartige Substanz aus Kernen von Eiterzellen. Der neue Stoff enthält neben organischem Material auch Phosphorsäure. Da er aus den Zellkernen (nucleus) isoliert worden war, erhielt der Stoff den Namen »Nukleinsäure«. Die Substanz bindet aufgrund ihrer sauren Eigenschaften besonders gut basische Farbstoffe. Eine derartige Farbstoffbindung macht es möglich, die nukleinsäurehaltigen Zellstrukturen im Mikroskop sichtbar zu machen. In den folgenden Jahren stellte es sich heraus, daß alle Zellen – sei es aus Pflanze, Tier oder Mensch – derartige Moleküle enthalten. Zu diesem Zeitpunkt konnte aber noch keiner wissen, daß hiermit eines der wichtigsten Moleküle der biologischen Welt entdeckt worden war.

Robert KOCH erbrachte 1876 erstmals den Beweis, daß der Milzbrandbazillus, also ein Einzeller, die spezifische Ursache der Krankheit »Milzbrand« ist. Aus diesen Untersuchungen erarbeitete KOCH in den folgenden Jahren die Postulate:

1. Der Krankheitskeim muß regelmäßig aus den Krankheitsfällen isoliert werden können.
2. Er muß in vitro in Reinkultur gezüchtet werden können.
3. Bei Injektion einer Reinkultur-Lösung in einen entsprechenden Organismus muß das Krankheitsbild auftreten, und schließlich
4. bei dem experimentell erzeugten Krankheitsverlauf muß der obige Erreger erneut isoliert werden können.

Das Charakteristische der durch die KOCHschen Postulate definierten Krankheit ist somit ihre Ansteckungsfähigkeit, die Krankheit ist »contagiös«. Die krankmachende Ursache beruht auf eigenständigen vermehrungsfähigen Zellen (lat.: contagium = Ansteckungsstoff).

Erinnern wir uns an CLUSIUS und seinen Tulpenzwiebelsaft: IWANOWSKI (1) sowie BEIJERINCK (2, 3) fanden in den Jahren 1895 bis 1899 unabhängig voneinander, daß sich die mosaikartige Blattveränderung einiger Tabakpflanzen durch Preßsäfte kranker Blätter auf gesunde Pflanzen übertragen läßt. Da das blattverändernde Prinzip aber bakteriendichte Filter passierte, konnte es sich nicht um die bekannten zellulären Erreger, zum Beispiel Bakterien, handeln. BEIJERINCK prägte daher den Begriff »contagium vivum fluidum« – frei übersetzt »flüssiger Ansteckungsstoff«. Im gleichen Zeitraum konnten LOEFFLER und FROSCH (4) zeigen, daß auch das infektiöse Prinzip der Maul- und Klauenseuche bakteriendichte Filter passiert. Die virale Natur der geschilderten Buntstreifigkeit der Tulpe wurde erst 1928 von D. M. CAYLEY in der Arbeit »Breaking in tulips. Ann. appl. Biol. *15*, 529–539« nachgewiesen.

BEIJERINCK, IWANOWSKI wie auch LOEFFLER und FROSCH verwenden in ihren Arbeiten für den ultrafiltrierbaren Anstekkungsstoff auch schon den Begriff »Virus«. Das Wort stammt aus dem Lateinischen und bezeichnete ursprünglich allgemein einen giftigen Saft. Louis PASTEUR (1822–1895) benutzte den Virusbegriff erstmals für die seinerzeit hypothetischen Erreger von Milzbrand, Tuberkulose und Tollwut. Damit war ein Begriffswandel vom reinen Gift zum selbstvermehrungsfähigen Ansteckungsstoff vollzogen. Im Gegensatz zu einem Gift, einem Toxin, kann bei einer Infektion der Ansteckungsstoff, der Erreger, aus dem kranken Organismus gewonnen und beliebig häufig wieder auf neue Empfänger übertragen werden (s. KOCHSCHE Postulate).

Da die Lektüre der obigen Pionierarbeiten auch heute noch von großem Reiz ist und die Darstellung der Beobachtungen für das Verständnis der »löslichen Krankheitserreger« erhebliches Interesse besitzt, sei es erlaubt, einige Stellen zu zitieren:

*Über ein contagium vivum fluidum als Ursache der Fleckenkrankheit der Tabaksblätter*
## von M. W. BEIJERINCK
Die Fleckenkrankheit der Tabaksblätter, auch wohl Mosaikkrankheit genannt, äußert sich zunächst als eine Verfärbung des Chlorophylls, fleckenartig über die Spreite zerstreut, später gefolgt durch das Absterben von einem Teile oder von dem gesamten Gewebe der Flecken.

Herr Adolf MAYER zeigte im Jahre 1887, daß diese Krankheit kontagiös ist. Er preßte den Saft aus kranken Pflanzen, füllte damit Kapillarröhrchen, stach diese in gesunde Pflanzen und fand nach Verlauf von 2–3 Wochen, daß letztere dann ebenfalls krank wurden.

Im Jahre 1887 legte ich mir die Frage vor, ob sich nicht irgend ein Parasit würde nachweisen lassen, welcher die Krankheit verursacht. Da die mikroskopische Untersuchung in dieser Beziehung zu einem vollständig negativen Resultate führte, konnte dabei nur allein an Bakterien gedacht werden, welche sich vielleicht der direkten Beobachtung entzögen. Die Kulturmethoden lehrten aber, daß aerobe Bakterien vollständig fehlten, sowohl in den Geweben der gesunden, wie der kranken Pflanzen. Später stellte ich die gleiche Thatsache fest in Bezug auf die Anaeroben.

Es wurde dadurch sicher, daß hier ein Beispiel einer Krankheit aufgefunden war, welche durch ein Contagium verursacht wird, das sich nicht mit dem Begriff deckte, der dem Contagium fixum im gewöhnlichen Sinne zukommt. Dieses veranlaßte mich, in den Jahren 1897 und 1898 neue Infektionsversuche auszuführen, um die Eigenschaften des Contagiums besser kennen zu lernen. Die Hauptresultate, welche dabei erhalten wurden, möchte ich nun kurz darstellen.

Zunächst ergab sich, daß der aus den kranken Pflanzen gepreßte Saft beim Filtrieren durch sehr dichte Porzellanfilter vollkommen steril durchlief, ohne an Virulenz zu verlieren. Ich hatte dabei im Filtrat sowohl nach Aeroben wie nach Anaeroben gesucht, so daß der Versuch gänzlich einwandfrei war. Das Bougiefiltrat * wurde 3 Monate aufbewahrt, blieb dabei bakterienfrei und hat bei vielen wiederholten Infektionsversuchen stets die Krankheit erweckt. Wie lange die Virulenz desselben überhaupt fortdauert, weiß ich noch nicht.

Zur Beantwortung der Frage, ob das Virus als corpusculär oder als gelöst betrachtet werden muß, wurde folgender Versuch eingerichtet.

Zerriebenes Gewebe kranker Blätter wurde über dicke Agarplatten ausgebreitet und der Diffusion überlassen. Ein aus diskreten Partikelchen zusammengesetztes Virus wird auf der Oberfläche zurückbleiben müssen, weil es in die Molekularporen der Agarplatten nicht hineindiffundieren kann. Die tieferen Schichten des Agars würden unter dessen Einfluß deshalb nicht virulent werden können. Ein wasserlösliches Virus muß dagegen bis auf eine gewisse Tiefe in die Agarplatten hineindringen können. Nach einer Diffusionszeit von ungefähr 10 Tagen, welche Zeit als zureichend lange betrachtet wurde, weil Diastase und Trypsin darin bis auf sehr ansehnlicher und mir wohlbekannter Entfernung diffundieren können, wurde der Versuch unterbrochen. Die Oberfläche der Platten war zu-

---

* Anmerkung: Durch Filterkerzen gewonnenes Filtrat.

nächst mit Wasser, dann mittels starker Sublimatlösung gereinigt und schließlich mit einem scharfen Platinspatel stellenweise abgetragen, so daß das Innere des Agars erreicht werden konnte, ohne die Oberfläche zu berühren. Mit diesen tieferen Schichten des Agars wurden dann gesunde Pflanzen infiziert, und es ergab sich, daß dadurch ebensowohl die Krankheit entstand wie durch das Bougiefiltrat. Es kann deshalb wohl kaum daran gezweifelt werden, daß das Contagium als flüssig, oder, vielleicht besser gesagt, als wasserlöslich betrachtet werden muß. Die Virusquantität, welche ausreicht, um zahlreiche Blätter krank zu machen, ist eine äußerst geringe; mit diesen kranken Blättern gewinnt man aber Material, um unbegrenzt viele neue Pflanzen zu infizieren; es ist deshalb deutlich, daß das Virus sich in der Pflanze vermehren muß.

Die Fähigkeit des Virus, sich nur dann zu reproduzieren, wenn gebunden an das lebende Protoplasma der Wirtpflanze, dürfte mit der gelösten oder flüssigen Natur desselben zusammenhängen. Es ist nämlich nicht gut einzusehen, warum ein Contagium fixum, selbst wenn so fein verteilt, daß die direkte mikroskopische Beobachtung davon unmöglich wäre, sich nicht ähnlich, wie die gewöhnlichen parasitischen Bakterien auch außerhalb des Wirtes würde vermehren können, und es erscheint eben durchaus nicht unmöglich, daß ein mikroskopisch unsichtbares, jedoch corpusculäres Contagium, sich auf der Gelatineplatte zu einer makroskopisch sichtbaren Kolonie entwickeln könnte. Gewissermaßen ist es deshalb als eine Erklärung zu betrachten, daß das Contagium, um sich zu reproduzieren, in das lebende Protoplasma der Zelle einverleibt werden muß, in dessen Vermehrung es sozusagen passiv mit hineingeschleppt wird. Jedenfalls werden durch diesen Umstand zwei Rätsel auf eins zurückgeführt, wobei allerdings nicht geleugnet werden kann, daß die Einverleibung eines Virus in das lebende Protoplasma, wenn auch als Thatsache festgestellt, durchaus nicht als ein klarer Vorgang zu betrachten ist.
Delft, 19. November 1898
(Ende des Zitats)

Die von BEIJERINCK vor einem dreiviertel Jahrhundert bereits durchgeführten Studien am Tabakmosaikvirus zeigen schon alle aufregenden Eigenschaften und Wirkungen der neuartigen Erreger. Auch heute noch gilt der zitierte Schlußsatz: »daß die Einverleibung eines Virus in das lebende Protoplasma, wenn auch als Thatsache festgestellt, durchaus nicht als ein klarer Vorgang zu betrachten ist«.

Ebenfalls aus den Anfängen der Virusforschung seien zwei weitere bemerkenswerte Arbeiten in Ausschnitten zitiert:

### Über die Mosaikkrankheit der Tabakspflanze
#### von D. IWANOWSKI

In No. 1 des laufenden Jahrganges dieser Zeitschrift hat Prof. BEIJERINCK eine gedrängte Mitteilung und in den Verhand. Kon. Akad. van Wetensch. te Amsterdam. Deel VI, No. 5. eine ausführliche Abhandlung über die von ihm als Fleckenkrankheit bezeichnete höchst interessante Erkrankung der Tabakspflanze veröffentlicht. Mit deren Studium ist Prof. BEIJERINCK seit 1887 beschäftigt, und jetzt teilt er sehr interessante Resultate seiner Untersuchungen mit. Seiner Meinung nach wird die Krankheit durch ein Contagium vivum fluidum verursacht. Diese Veröffentlichungen veranlassen mich, folgende Bemerkungen zu machen.

BEIJERINCK's Beschreibung zufolge äußert sich die Krankheit anfangs als mosaikartige Färbung der jüngsten Blätter in hell- und dunkelgrüne Farben, wodurch eine Pflanze entsteht, welche einigen panachierten Rassen nicht unähnlich ist; dann treten auf den Blättern braune Flecken auf, welche Erscheinung der Verf. als Endphase der Krankheit betrachtet und daher die letzte als Fleckenkrankheit bezeichnet. Ich brauche hier nicht noch einmal auf die Diskussion der Unterschiede dieser beiden Krankheiten einzugehen und beschränke mich nur darauf, Folgendes anzuführen:

1) Die beiden Krankheiten – die Mosaik- und die Pockenkrankheit* – treten nicht selten gemeinschaftlich auf einer

---

* Anmerkung: Nicht zu verwechseln mit der eigentlichen viralen Pockenkrankheit von Tier und Mensch.

und derselben Pflanze auf, aber ebenso oft begegnet man Pflanzen, welche nur von einer der angeführten Krankheiten befallen sind. Auf Nicotiana rustica habe ich niemals die Mosaikkrankheit gesehen; die Pockenkrankheit ist aber auf diesem Tabak sehr verbreitet und äußert sich sehr stark.

2) Die Mosaikkrankheit ist ansteckend, die Pockenkrankheit besitzt diese Eigenschaft durchaus nicht.

3) Die Pockenkrankheit gelang es uns künstlich im Zeitraum eines Tages durch rasche Steigerung der Transpiration auf völlig gesunden Pflanzen zu erzeugen.

Was nun die Mosaikkrankheit anbetrifft, so habe ich darüber auch einige Versuche angestellt und in dem oben citierten Aufsatze mitgeteilt. Von Prof. BEIJERINCK wird aber diese Arbeit nicht berücksichtigt. Er beginnt mit der Feststellung der Thatsache, daß der Saft der mosaikkranken Blätter, entgegen Ad. MAYER's Angaben, seine ansteckenden Eigenschaften sogar nach der Filtration durch Porzellanfilter bewahrt; diese Thatsache diente ihm sogar als Ausgangspunkt seiner weiteren Untersuchungen. Sie wurde aber von mir schon vor 7 Jahren ganz sicher gestellt.

Beim Fortsetzen meiner Arbeit habe ich weiter gefunden, daß

1) der durch die Porzellankerze filtrierte Saft seine ansteckenden Eigenschaften mindestens während 10 Monaten bewahrt und dabei vollkommen klar bleibt;

2) daß von einer mit filtriertem Safte geimpften Pflanze die Krankheit weiter beliebig lange Zeit von einer Pflanze auf die andere übergeimpft werden kann. Somit ist es erwiesen, daß das Virus in der lebenden Pflanze sich vermehrt;

3) daß die mosaikkranken Blätter ihre ansteckenden Eigenschaften sogar nach 10-monatlichem Verweilen in 95-proz. Alkohol bewahren. Dasselbe Resultat gaben auch die Versuche mit Alkoholmaterial, nachdem es noch 2 Tage in Aether gelegen hatte. Der Zeitraum zwischen der Impfung und dem ersten Erscheinen der Krankheit ist aber in solchen Fällen viel länger als bei Impfung mit dem Safte der frischen Blätter.

Sowohl diese Thatsachen, als auch die negativen Resultate

zahlreicher Versuche, Mikroben durch Kultur- oder mikroskopische Methoden zu entdecken, erweckten auch bei mir die Vorstellung, als sei die Mosaikkrankheit keine bakterielle, sondern eine Plasmakrankheit, durch deren Teilchen oder vielleicht lösliche Bestandteile sie auch übertragen würde. Aber schon im Jahre 1892 gelang es mir einmal, die Krankheit durch Impfung einer Bakterienkultur hervorzurufen, welcher Umstand mich immer mehr in der Hoffnung bestärkte, daß die ganze Frage ohne so kühne Hypothesen erklärt wird. Dazu kamen noch zwei weitere von mir gemachte Beobachtungen. Ich fand nämlich, daß 1) die Mosaikkrankheit ohne jegliche Verletzung der gesunden Pflanze, derselben beigebracht werden kann, indem man einfach auf die Blätter einige Tropfen des mosaikkranken Saftes tröpfelt, und 2) daß die Krankheit ebenso sicher, nur langsamer, hervorgerufen wird, wenn man, anstatt die Pflanze, den Boden mit dem Safte impft (Prof. Beijerinck hat dieselbe Beobachtung gemacht). Diese Thatsachen sind schwerlich mit den oben angeführten Hypothesen vereinbar, denn selbst das gelöste Virus kann kaum durch die Wand der Epidermiszellen durchdringen, da es selbst durch die Poren der Porzellankerze nicht ohne Verlust durchgeht.

Außer auf der Tabakpflanze habe ich die Mosaikkrankheit noch auf einer Sorte von Phaseolus vulgaris gefunden.

St. Petersburg, 4. März 1899

(Ende des Zitats)


Die umfangreichen Arbeiten von Robert Koch hatten seinerzeit den entscheidenden Anstoß zur Entdeckung der bakteriellen Krankheitserreger gebracht. Hierfür erhielt Koch 1905 den Nobelpreis für Medizin. Sein Schüler Loeffler leistete zusammen mit Frosch wichtige Beiträge zur Aufklärung der nichtzellulären Krankheitserreger. Am Beispiel des tierpathogenen Maul-und-Klauenseuche-Virus wurden die grundsätzlichen Unterschiede zu den bis dahin bekannten Erregern klar herausgearbeitet. Die Aufklärung dieses Krankheitserregers hatte neben wissenschaftlichem Interesse auch eine große wirtschaftliche Bedeutung. Durch zahlreiche Seuchen wurden auf der Welt jährlich große Rinderherden dezimiert.

Hier einige Ausschnitte aus der wichtigsten Veröffentlichung:

*Berichte der Kommission zur Erforschung der Maul- und Klauenseuche bei dem Institut für Infektionskrankheiten in Berlin.*
Erstattet an den Kultusminister
von
Geh. Med.-Rat Prof. Dr. LOEFFLER und Prof. Dr. FROSCH
Berlin, den 17. April 1897
Untersuchungen über die Aetiologie der Seuche.

Dank den telegraphischen Mitteilungen über frische Ausbrüche von Maul- und Klauenseuche, welche gemäß Euerer Excellenz hoher Verfügung seitens zahlreicher Lokalbehörden an das Institut für Infektionskrankheiten gelangt sind, war es uns möglich, reichliches frisches Material für diese Untersuchung zu beschaffen.

Die Prüfung geschah mit Hilfe der bakteriologischen Untersuchungsmethoden. Als Kultursubstrate kamen zur Verwendung: gewöhnliche Bouillon, sauer und alkalisch, Peptonbouillon, Traubenzuckerbouillon, flüssiges und erstarrtes Blutserum, Milch, Nähragar und Gelatine, bei Zutritt von Luft, in Wasserstoff-, Schwefelwasserstoff- und Kohlensäureatmosphäre.

Das Ergebnis aller dieser Untersuchungen war ein durchaus eindeutiges. Die Färbung und Untersuchung im hängenden Tropfen ließ Bakterien irgendwelcher Art nicht erkennen. Die mit der Blasenlymphe besäten Kultursubstrate blieben bei mehrwöchentlicher Beobachtung zum überwiegenden Teil absolut frei von jeder bakteriellen Entwickelung, und in denjenigen Substraten, in und auf welchen eine Entwickelung von Bakterien stattfand, handelte es sich, wie auf den ersten Blick zu erkennen war, um vereinzelte, von außen in die Kulturgefäße zufällig hineingelangte Keime. Daß gleichwohl in diesen bei der bakteriologischen Untersuchung steril befundenen Lymphen der Erreger der Maul- und Klauenseuche enthalten war, ging daraus hervor, daß Kälber und Färsen, welche mit diesem Material auf die Schleimhaut der Ober- und Unterlippe geimpft wurden, stets nach 2–3 Tagen in typischer Weise an der

Seuche erkrankten. Daß es sich hier nicht etwa um die Einwirkung eines von Keimen freien, einen Blasen erzeugenden Giftstoff enthaltenden Materials handelte, ergab sich aus der Thatsache, daß von den nach der Impfung erkrankten Tieren die Krankheit auf gesunde, im selben Stalle befindlichen Tiere sich übertrug. Schon aus diesen Versuchsergebnissen folgt mit Sicherheit, daß irgend ein auf den gebräuchlichen Nährsubstraten wachsendes Bakterium das ätiologische Moment der Maul- und Klauenseuche nicht sein kann.

Es bleiben nun noch die Angaben einiger Forscher zu erörtern, welche nicht Bakterien, sondern kleine protoplasmatische Gebilde mit deutlichen amöboiden Bewegungen als den Erreger der Seuche beschrieben haben. Solche Angaben sind von PIANA-FIORENTINI, BEHLA und JURGENS gemacht worden.

Die Angabe der genannten Forscher, daß sich die erwähnten protoplasmatischen Gebilde nur im Inhalte der Blasen von maul- und klauenseuchekranken Tieren finden, hat die Kommission nicht bestätigen können. Diese Gebilde sind daher als spezifisch für die Maul- und Klauenseuche nicht anzusehen.

Nach der Einführung des Virus in die Blutbahn entwickeln sich die örtlichen Krankheitserscheinungen in ganz typischer Weise, dergestalt, daß nach 24–48 Stunden zunächst Blasen im Maule, bei Milchkühen Blasen an den Eutern auftreten und etwa 24 Stunden später die Blasen an den Klauen, gewöhnlich an allen vier Klauen zugleich erscheinen.

Das Hauptaugenmerk der Kommission war darauf gerichtet, die Frage zu entscheiden: Erwerben die Tiere, welche eine Infektion überstanden haben, dadurch eine Immunität gegen eine spätere Infektion oder nicht?

Nur wenn diese Frage in positivem Sinne beantwortet werden konnte, war Aussicht vorhanden, die Krankheit in wirksamer Weise bekämpfen zu können.

Wiederholte Wiederimpfungen von durchseuchten Tieren haben ergeben, daß 2–3 Wochen nach dem Ausbruch der Krankheit bei der weit überwiegenden Mehrzahl von Kälbern und Rindern Immunität vorhanden ist.

Dieses Verhalten der Rinder gegen die Maul- und Klauenseuche stimmt sehr wohl überein mit dem Verhalten der Menschen gegen die am sichersten Immunität hinterlassenden Infektionskrankheiten, wie z. B. die Masern und die Pocken.

In der That wurde bei einigen Tieren, welche nach der Impfung mit dem Lymphgemisch nur örtlich an Vaccine – aber nicht allgemein an der Maul- und Klauenseuche erkrankten, bei der 3 Wochen später vorgenommenen Probeimpfung Immunität gefunden.

Durch die Versuche der Kommission ist somit die Thatsache festgestellt, daß es möglich ist, Tiere gegen die Maul- und Klauenseuche künstlich zu immunisieren.

Damit ist die Aussicht auf eine für die Praxis nutzbar zu machende Schutzimpfung eröffnet.

Abgesehen von den genannten, die praktische Seite der Frage, die Immunisierung betreffenden Ergebnissen, hat nun die Kommission noch über die Resultate zu berichten, welche von nicht geringem wissenschaftlichen Interesse sind und, soweit sich jetzt schon urteilen läßt, für die weitere Erforschung nicht nur der Maul- und Klauenseuche, sondern auch zahlreicher anderer Infektionskrankheiten der Menschen und Tiere von weittragender Bedeutung werden können.

Bei diesen Versuchen wurde die Lymphe mit 39 Teilen Wasser verdünnt, alsdann mit einer reichlichen Menge einer kulturell leicht nachweisbaren, aus einer Lymphprobe gelegentlich gezüchteten Bakterienart – Bacillus fluorescens – versetzt und nunmehr 2–3 mal durch sterilisierte Kieselguhrkerzen filtriert. Der Zusatz der Bakterien geschah zu dem Zwecke, die Keimfreiheit des Filtrates durch Aussaaten reichlicher Mengen desselben auf Nährsubstraten nachweisen zu können. Kamen von den beigemischten, leicht erkennbaren Bakterien in diesen Aussaaten Kolonieen nicht zur Entwickelung, so war die Filtration gelungen, d. h. es war als erwiesen anzusehen, daß alle in der Lymphe vorhanden gewesenen bakteriellen Elemente von der Filterkerze zurückgehalten waren. Die auf diese Weise geprüften Filtrate erwiesen sich stets bakterienfrei. Von diesen Filtraten wurden einer Reihe von Kälbern abgemessene Mengen, welche 1/10–1/40 ccm reiner Lymphe entsprachen, in die Blutbahn injiziert, um festzustellen, ob etwa in der Lymphe gelöste Stoffe vorhanden wären, mit Hilfe welcher eine Immunisierung erzielt werden könnte.

Das Ergebnis dieser Injektionen war ein einigermaßen überraschendes. Die mit den Filtraten behandelten Tiere erkrankten in derselben Zeit wie die Kontrolltiere, welche entsprechende Mengen derselben nicht filtrierten Lymphe erhalten hatten, und zwar mit allen typischen Erscheinungen der Krankheit, hohem Fieber und Blasen im Maul und an den Klauen. Wir hatten den Eindruck, als sei die Wirksamkeit der Lymphe durch die Filtration nicht beeinflußt worden. Um dieses wichtige Ergebnis ganz sicherzustellen, wurden diese Versuche an zahlreichen Kälbern und Schweinen mehrfach wiederholt. Das Ergebnis war bei Anwendung frischer Lymphe stets das gleiche, die mit dem Filtrat behandelten Tiere erkrankten ebenso wie die mit nicht filtrierter Lymphe behandelten Kontrolltiere stets in ganz typischer Weise.

Wie war diese auffallende Thatsache zu erklären? Für die Erklärung gab es zwei Möglichkeiten: entweder enthielt die bakterienfrei filtrierte Lymphe ein gelöstes, außerordentlich wirksames Gift, oder aber die bisher noch nicht auffindbaren Erreger der Seuche waren so klein, daß sie die Poren eines Filters, welches die kleinsten bekannten Bakterien sicher zurückhielt, zu passieren imstande waren ...

Es läßt sich deshalb die Annahme nicht von der Hand weisen, daß es sich bei den Wirkungen der Filtrate nicht um die Wirkungen eines gelösten Stoffes handelt, sondern um die Wirkung vermehrungsfähiger Erreger. Diese müßten dann freilich so klein sein, daß sie die Poren eines auch die kleinsten Bakterien sicher zurückhaltenden Filters zu passieren vermöchten. Die kleinsten bisher bekannt gewordenen Bakterien sind die von PFEIFFER aufgefundenen Bacillen der Influenza. Sie haben eine Länge von 0,5 bis 1 μ*. Wären die supponierten Erreger der Maul- und Klauenseuche nur 1/10 oder selbst nur 1/5 so groß wie diese, was ja durchaus nicht unmöglich wäre, so würden sie nach der Berechnung des Professor ABBE in Jena über die Grenze der Leistungsfähigkeit unserer Mikroskope, auch

---

\* 1 μ = 1 μm = 0,001 Millimeter

mit den besten modernen Immersionssystemen nicht mehr erkennbar sein. Es würde damit für die Vergeblichkeit der angestrengten Versuche, die Erreger in der Lymphe mit dem Mikroskope zu entdecken, eine sehr einfache Erklärung gefunden sein. Wenn es sich durch die weiteren Untersuchungen der Kommission bestätigen sollte, daß die Filtratwirkungen, wie es den Anschein hat, in der That durch solche winzigsten Lebewesen bedingt sind, so liegt der Gedanke nahe, daß auch die Erreger zahlreicher anderer Infektionskrankheiten der Menschen und Tiere, so der Pocken, der Kuhpocken, des Scharlachs, der Masern, des Flecktyphus, der Rinderpest u.s.f., welche bisher vergeblich gesucht worden sind, zur Gruppe dieser allerkleinsten Organismen gehören. Durch die Herstellung einer bakterienfreien Kuhpockenlymphe würde dann z. B. der Agitation gegen die Schutzpockenimpfung die Spitze abgebrochen werden können.

In den bakterienfreien Filtraten der infektiösen Substanzen würde das geeignete Ausgangsmaterial gegeben sein, um neue wichtige Aufschlüsse über das Wesen der genannten Krankheiten zu gewinnen.
(Ende des Zitats)

Die zitierten Ausschnitte zeigen deutlich die Exaktheit der Versuchsdurchführungen sowie das große persönliche Engagement in der Beurteilung der Ergebnisse. Besonders in dem Artikel von IWANOWSKI kommt das Ringen um die Entscheidung zwischen kleinen bakteriellen – also bekannten zellulären – Krankheitserregern und einem völlig neuartigen »flüssigen Ansteckungsstoff« zum Ausdruck. So schreibt er: »Sowohl diese Tatsachen, als . . . erweckten auch bei mir die Vorstellung, als sei die Mosaikkrankheit keine bakterielle, sondern eine Plasmakrankheit, durch deren Teilchen oder vielleicht lösliche Bestandteile sie auch übertragen würden. Aber schon im Jahre 1892 gelang es mir einmal, die Krankheit durch Impfung einer Bakterienkultur hervorzurufen, welcher Umstand mich immer mehr in der Hoffnung bestärkte, daß die ganze Frage ohne so kühne Hypothesen erklärt wird.«
Wie wir heute wissen, muß der vereinzelte Befund einer

»bakteriellen Infektion« auf Verunreinigungen zurückgeführt werden.

BEIJERINCK wagt demgegenüber den Sprung in neue, unbekannte Bereiche: »Es kann deshalb wohl kaum daran gezweifelt werden, daß das Contagium als flüssig, oder, vielleicht besser gesagt, als wasserlöslich betrachtet werden muß.« Ein für die damalige Zeit – in der man sich nicht-zelluläre Krankheitserreger kaum vorstellen konnte – äußerst mutiger Satz. Ähnlichen Mut bewiesen aufgrund ihrer exakten Experimente bei der Maul- und Klauenseuche der Rinder 1897 LOEFFLER und FROSCH. Darüber hinaus wiesen diese Autoren bereits den Weg zu einer erfolgreichen Schutzimpfung. Bereits in diesen frühen Untersuchungen konnten Rinder durch Impfung mit Immunserum gegenüber der hochinfektiösen Seuche geschützt werden. Damit waren die Grundlagen für die später so erfolgreichen Schutzimpfungen gelegt. Hierauf werden wir im Kapitel »Die Bekämpfung viraler Krankheiten« ausführlich zu sprechen kommen.

Offenbar wurden zahlreiche Krankheiten durch nicht-zelluläre Erreger übertragen. Im Laufe der folgenden Jahre bürgerte sich die von den Autoren benutzte Bezeichnung »Virus« für diese neuartigen Partikel ein.

Heute wird für das infektiöse Prinzip häufig der Begriff »Virion« (Einzahl) bzw. »Viria« (Mehrzahl) benutzt.

Würden wir ein Blatt dieses Buches unter dem Mikroskop betrachten, so sähen wir ein wirres Geflecht von Fasern. Es handelt sich dabei um den Pflanzenbaustoff Cellulose. Hermann STAUDINGER konnte 1922 am Beispiel dieser Substanz zeigen, daß in der Natur Stoffe vorkommen, die aus Tausenden oder Abertausenden von Molekülbausteinen aufgebaut sind. Im Falle der Cellulose sind es die Zuckermoleküle Glucose. Die Bausteine sind fest miteinander in einer langen Kette verknüpft, die andere Eigenschaften hat als die Summe der Einzelmoleküle. So schmeckt die Cellulose im Gegensatz zur Glucose nicht mehr süß. STAUDINGER prägte für derartige Molekülketten den Begriff des »Makromoleküls«. Selbst diese Makromolekülketten sind aber noch so winzig, daß sie im Mikroskop nicht sichtbar sind. Was wir als Fasern beobachten, sind bereits

»Tauwerke« aus Tausenden von Makromolekülketten. Spätere Untersuchungen zeigten, daß zahlreiche Naturstoffe aus Makromolekülen bestehen.

Die Existenz derartiger Riesenmoleküle war allerdings zunächst so unglaublich, daß die Laboratoriumsergebnisse teilweise angezweifelt wurden. Man glaubte vielmehr an lose Aggregationen kleinerer Molekülstücke zu sogenannten Mizellen. Derartige Gebilde existieren zum Beispiel tatsächlich in Seifenlösungen. Bei ungenügenden experimentellen Voraussetzungen können sie große Moleküle vortäuschen. Nun, STAUDINGER besaß nicht nur die experimentellen Voraussetzungen, sondern auch das Können und Beharrungsvermögen zum eindeutigen Nachweis der Makromoleküle. 1953 erhielt STAUDINGER für seine bahnbrechenden Arbeiten den Nobelpreis.

Die hochmolekulare Struktur der Nukleinsäuren wurde erst viel später bewiesen. COHEN und STANLEY (5) meinten aufgrund ihrer Daten, daß die Ribonukleinsäure des Tabakmosaikvirus ein Molekulargewicht von etwa 300 000 besitzt. Erst 1957 konnte GIERER mittels Ultrazentrifugationsexperimenten sowie Viskositätsmessungen in Tübingen zeigen (6), daß die Ribonukleinsäure des Tabakmosaikvirus ein tatsächliches Molekulargewicht von zwei Millionen hat. Die gesamte Nukleinsäure des Viruspartikels liegt dabei als *ein* Molekülstrang vor.

1935 trat das Tabakmosaikvirus – so hatte man das obige infektiöse Prinzip inzwischen getauft – wieder spektakulär in Erscheinung. STANLEY (7) gelang die Isolierung und Reinigung dieser Viruspartikel im großen Maßstab.

Der Preßsaft von TMV-infizierten Tabakblättern wurde mehrfach mit einer konzentrierten Ammoniumsulfat-Lösung versetzt. Hierbei schieden sich die verschiedenen Proteine in Flocken ab. Zum Schluß wurde die auf Tabakpflanzen infektiöse Proteinfraktion erneut gelöst und vorsichtig mit Ammoniumsulfat-Lösung und Essigsäure zur Ausfällung gebracht. Dabei bildeten sich kleine Kristallnädelchen. Es gelang auf diese Weise, über 10 g kristallines Tabakmosaikvirus zu isolieren.

Diese Befunde waren eine Sensation. Bedeuteten sie doch nichts anderes, als daß infektiöse Krankheitserreger in der

Form von Kristallen vorliegen können. Die Kristallform war aber bis dahin Zeichen der unbelebten Welt gewesen.

Besonders drei Eigenschaften der neuartigen Erreger führten somit zu ihrer Entdeckung:
1. ihre Kleinheit (ultrafiltrierbar, kleiner als Bakterien).
2. Veränderungen der befallenen Zellen (Krankheitsbild) sowie
3. eine Vermehrung in den lebenden Zellen.

Bemerkenswert an den neuen Krankheitserregern war, daß bereits frühzeitig Lösungen derartiger Erreger aus Pflanze, Tier und Mensch gewonnen werden konnten.

Zum Abschluß des Kapitels seien einige Gedanken zur Entdeckung neuer naturwissenschaftlicher Erkenntnisse erlaubt. Wie kommt es, daß sich ergänzende Ergebnisse so häufig jahre- oder gar jahrzehntelang ohne gedankliche Synthese nebeneinander ihr Dasein fristen? Daß die makromolekulare Struktur der Nukleinsäure erst 20 Jahre nach der Beschreibung der ersten Makromoleküle erkannt wurde?

Die verschlungenen Wege in der Geschichte der Naturwissenschaften – und nicht nur dort – sind verwunderlich. Offenbar muß zur Kenntnis der Einzelfakten eine zusätzliche Eigenschaft hinzukommen, die wir heute vielleicht mit dem Begriff der Kreativität umschreiben würden. Kreativität unterscheidet sich vom Ansammeln an Wissen dadurch, daß sie zu einem über-additiven Ergebnis gelangt. Die neu gewonnenen Erkenntnisse stellen mehr dar als die Summe der Einzeldaten. Dieses Prinzip wird – wie wir noch sehen werden – mit meisterhafter Hand von der Natur beim Aufbau lebender Strukturen angewandt.

Um die jeweils übergeordneten Strukturen aus den Teilen zu erkennen, ist offenbar eine gedankliche Offenheit nach allen Seiten erforderlich, man muß (fast) alles für möglich halten. Ein weiterer Aspekt dieses Offenseins, dieser Toleranz, ist auch das in der Natur seltene »Entweder – Oder«. Licht ist weder nur Welle, noch nur Korpuskel, sondern »sowohl – als auch«. Der zwischen den Physikern Christiaan HUYGENS und Isaak NEWTON 1680 geführte erbitterte Streit für oder wider die Wellen- bzw. Korpuskeltheorie des Lichtes erwies sich im nachhinein als völlig überflüssig. Welcher Charakter des Lichtes in den Vordergrund tritt, hängt in erster Linie von dem jeweiligen Experiment ab.

Ein weiteres Beispiel ist die von VIRCHOW zunächst gesehene Unvereinbarkeit seiner Zellularpathologie mit den von KOCH beschriebenen bakteriellen Krankheitserregern. Die Erreger der Infektionskrankheiten entfalten aber ihre krankmachenden Wirkungen durch die Schädigung bestimmter Zellen im Organismus. Die Infektionskrankheiten beruhen demnach auf Erreger *und* anschließender Zellveränderung.

Auch die bald auftauchende Frage, ob denn nun die »löslichen Krankheitserreger«, die Viren, belebt *oder* tot seien, stellt sich in dieser Alternativform nicht. Die Viruserreger stellen sowohl belebte als auch tote Strukturen dar, je nach Anlage des Experimentes. Gerade diese Grenzstellung macht aber die Viruserreger so interessant; ihr relativ einfacher Aufbau erhöht die Möglichkeit, einige der drängenden Fragen nach dem »woher« und »warum« der Krankheiten zumindest zu einem Teil beantworten zu können. Gibt es zwischen Krankheitserreger und Organismus grundsätzliche Unterschiede in der Zusammensetzung oder zumindest in der Struktur bestimmter Stoffe?

## 2. Bausteine

Erinnern wir uns: Alle lebenden Strukturen bestehen aus einer oder mehreren Zellen. Diese bestehen wiederum aus der Zellmembran, dem Zytoplasma sowie dem Kern. Die Aufzählung morphologischer Bestandteile soll aber nicht darüber hinwegtäuschen, daß die Struktur der lebenden Zelle in Wirklichkeit wesentlich komplizierter ist und bis heute erst zu einem sehr geringen Teil verstanden wird. Im Gegensatz zu den Zellen besitzen die Viruserreger keine Zellmembran und auch keinen Zellkern. Sie stellen überhaupt keine Zelle dar. Daher kann man bei diesen Strukturen auch nicht von einem »Innen« und einem »Außen« sprechen. Wie bereits die Ende des 19. Jahrhunderts durchgeführten Untersuchungen zeigten, sind die Viruserreger so klein, daß sie unter einem normalen Mikroskop nicht beobachtet werden können. Erst das Elektronenmikroskop enthüllt ihre morphologischen Geheimnisse. Diese besagen aber noch nichts über den chemischen und biologischen Aufbau der Krankheitskeime. Die Elementaranalyse der Viruserreger zeigte, daß sie wie andere organische Verbindungen aus den Elementen Kohlenstoff, Wasserstoff, Sauerstoff, Stickstoff, Phosphor und z. T. Schwefel bestehen. Detailliertere Kenntnisse über den Aufbau der Viren gewann man aber erst durch wesentlich schonendere Verfahren, als es die Elementaranalyse ist. Bei vorsichtiger Zerlegung der Erreger wurden zwei Makromolekülarten gefunden: Eiweißstoffe (Proteine) und Nukleinsäuren. Diese beiden Substanzgruppen sind integrale Bestandteile jedes Viruspartikels. Nukleinsäure und Protein sind hierbei durch schwache Wechselwirkungen miteinander verbunden. Sie lassen sich relativ leicht trennen. Im Gegensatz zu der von Hermann STAUDINGER zuerst untersuchten Cellulose bestehen die obigen beiden Makromolekülarten nicht aus einem, sondern aus mehreren Bausteinen. Finden wir bei Cellulose nur das Glucosemolekül als Baustein, so sind es bei Nukleinsäuren bereits vier, bei Proteinen etwa 20 innerhalb der Kette. Bei den vier unterschiedlichen Bausteinen der Nukleinsäure handelt es sich um Nukleotide, bei dem Protein um etwa 20 verschiedene Aminosäuren. Analog zur Cellulose bilden auch bei den beiden Makromolekülarten Protein und Nukleinsäure Hunderte oder gar Tausende von Bausteinen eine lange, festgeknüpfte Kette. Weitere Untersuchungen zeigten bald, daß es zwei verschiedene Arten von Nukleinsäuren gibt. Bei der einen Sorte bestehen die Bausteine, die Nukleotide, aus organischer Base, Phosphorsäure und dem Zuckermolekül Ribose. Die vier Bausteine unterscheiden sich dabei nur in der jeweiligen Base Adenin, Guanin, Cytosin und Uracil.

Bei der anderen Nukleinsäuresorte bestehen die Nukleotide aus dem Zuckeranteil Desoxyribose, aus Phosphorsäure und den Basen Adenin, Guanin, Cytosin und Thymin.

Bei der Uracil-Base befindet sich anstelle der $CH_3$-Gruppe ein H-Atom.

Die punktierten Linien geben die Wasserstoffbrücken zwischen den Basen wieder.

Thymin — Adenin

Cytosin — Guanin

Die beiden Nukleinsäurearten unterscheiden sich demnach in einer Base sowie im Zuckermolekül. Die erstgenannte Nukleinsäure wird als »Ribonukleinsäure« (RNS) und die zweite als »Desoxyribonukleinsäure« (DNS) bezeichnet. Bei beiden Nukleinsäuren bilden Moleküle von Phosphorsäure-Zucker-Phosphorsäure-Zucker . . . und so fort – lange Molekülfäden, an deren Seiten sich die organischen Basen befinden. Chemisch gesehen handelt es sich bei den Nukleinsäuren um langkettige Phosphorsäureester – allerdings mit recht merkwürdigen Eigenschaften, wie wir noch sehen werden.

—Zucker—Phosp.—Zucker—Phosp.—Zucker—Phosp.—Zucker—Phosp.—

Im Gegensatz zu vielen zellulären Krankheitserregern, bei denen häufig spezifisch toxische Proteine gebildet werden, besitzt das Virusprotein keine derartigen toxischen Eigenschaften. In der Art der Zusammensetzung entsprechen damit die Viruserreger den Nukleinsäuren und Proteinen jeder nichtinfektiösen Zelle. Die Desoxyribonukleinsäuren der Zelle befinden sich überwiegend im Zellkern, die Ribonukleinsäuren dagegen in erster Linie im Zytoplasma.

Der einzige Unterschied, den man zunächst zwischen Virus und Zelle fand, bestand in der Tatsache, daß virale Erreger in der Regel im Gegensatz zur Zelle nur *eine* Nukleinsäureart enthalten – entweder Ribonukleinsäure oder Desoxyribonukleinsäure. Was aber ist nun bei den Viren für die Eigenschaft »Krankheitserreger« verantwortlich?

Wenn unterschiedlich biologisch wirksame Molekülketten aus den gleichen Bausteinen bestehen, so bleibt eigentlich als Unterscheidungsmerkmal nur eine unterschiedliche Reihenfolge der Bausteine. Auf diesem Prinzip beruht zum Beispiel die Informationsübertragung durch unsere Schrift. Die Reihenfolge der gleichen Bausteine – hier Buchstaben – kann zu völlig unterschiedlichen Aussagen führen. Als Beispiel hierfür seien die Buchstabenfolgen »TOR«, »ROT« und »ORT« angeführt.

Die weiteren Bemühungen zum Verständnis des krankmachenden Prinzips konzentrierten sich daher auf Unterschiede in der Anordnung der Bausteine. Die Anordnung aber welcher Bausteine? Die der Aminosäuren oder die der Nukleotide – oder gar beider?

1952 konnten HERSHEY (8) an Desoxyribonukleinsäure-Viren und 1956 GIERER und SCHRAMM (9, 10) sowie FRAENKEL-CONRAT (11) wiederum am Tabakmosaikvirus (enthält Ribonukleinsäure) zeigen, daß allein die jeweilige Nukleinsäure für die Infektiosität verantwortlich ist. Es gelang sogar, aus verschiedenen Viren langkettige Nukleinsäuren zu isolieren, welche in einer Wirtszelle wieder komplette Viruspartikel synthetisieren konnten. Damit hatte man erstmals selbstvermehrungsfähige Moleküle in der Hand. Diese Darstellung war lange Zeit mit großen Schwierigkeiten verbunden, da die Nukleinsäuremolekülketten bei dem Versuch der Isolierung leicht brechen und damit ihre biologische Aktivität verlieren. Kleine Veränderungen in den Nukleinsäurefäden führen dagegen häufig zu genetischen Variationen, zum Erscheinungsbild der Mutanten. Die Nukleinsäuren stellen bei Virus wie Zelle gleichermaßen den Träger der biologischen Information dar.

*Zusammenfassung:*

1. Viele Krankheiten von Pflanze, Tier und Mensch werden durch Viruserreger hervorgerufen.
2. Alle Viruspartikel enthalten Nukleinsäure und Protein.
3. Die Nukleinsäuren bestehen aus 4, die Proteine aus etwa 20 verschiedenen Bausteinen.
4. Diese Bausteine sind identisch mit den normalen Bausteinen in der Wirtszelle, nämlich Nukleotide sowie Aminosäuren.
5. Es gibt Ribonukleinsäure (RNS)- und Desoxyribonukleinsäure (DNS)-Viren.
6. Die virale Nukleinsäure trägt die Information für die Virusvermehrung und ist somit für die Entstehung der jeweiligen Krankheit verantwortlich.

# 3. Struktur und Aufbau

Schon in den fünfziger Jahren zeigten verfeinerte Untersuchungsmethoden, daß die Molekülbausteine in den Proteinen und Nukleinsäuren nicht einfach wie Perlen auf einen Faden aufgereiht sind, sondern in einer bestimmten räumlichen Anordnung hintereinander stehen.

Bei den Proteinen kommt es durch Wasserstoffbrücken zwischen den Atomen zu einer wendeltreppenartigen Kettenanordnung, einer sogenannten Alpha-Helix. Diese ist bei allen natürlichen Proteinen, auch bei den Krankheitserreger-Proteinen, linkswendig. Die im chemischen Laboratorium zu synthetisierenden rechtswendigen Proteine kommen in der Natur nicht vor und können von der lebenden Zelle nicht verwendet werden. Dieses Beispiel macht die große Bedeutung der Baustein-*Anordnung* für die biologischen Prozesse deutlich. Die

Besonderheiten der Makromoleküle ergeben sich aus ihrer Struktur. Dabei bezeichnet man mit Primärstruktur die reine Reihenfolge des oder der Bausteine innerhalb der Kette. Die gedrehte Anordnung des Molekülfadens (Helix) wird als Sekundärstruktur bezeichnet. Die weitere Faltung dieser Spirale ergibt die Tertiärstruktur des Makromoleküls. Lagern sich schließlich mehrere derartig gefalteter Makromoleküle zu einem Komplex zusammen – wie bei den Viruserregern –, so sprechen wir von einer Quartärstruktur. Wird die räumliche Anordnung des Molekülfadens durch Erhitzen oder verschiedene Lösungsmittel zerstört (Denaturierung), so sind in der Regel auch die biologischen Wirkungen des Makromoleküls verloren. Durch geeignete Maßnahmen kann häufig eine spontane Re-Naturierung, eine Wiederfaltung, erfolgen. Der Vorgang ist demnach umkehrbar. Das heißt aber, daß die Information für die räumlichen Anordnungen bereits in der Baustein-Reihenfolge begründet liegt. Ein zusätzliches »Faltungsenzym« ist hierbei offenbar nicht erforderlich. In der Regel haben die wiedergefalteten Molekülfäden ihre biologische Wirkung zurückerlängt.

Auch die Nukleinsäuren sind in der Lage, helikale Strukturen auszubilden. Hier handelt es sich um recht spezifische Wechselwirkungen zwischen zwei Molekülketten. Liegt auf der einen Seite des Stranges eine Adenin-Base, so muß dieser gegenüber zur Ausbildung eines Doppelstranges im Falle von RNS eine Uracil-Base liegen. Bei Desoxyribonukleinsäuren erfolgt die gleiche Wechselwirkung zwischen den Adenin- und Thymin-Resten. Eine analoge Wechselwirkung findet zwischen dem Guanin-Rest des einen Stranges und dem Cytosin-Rest des anderen statt. In der Regel bildet sich eine Doppelhelix aus, wenn ein Nukleinsäurestrang mit einem derartig »komplementären« zweiten Nukleinsäuremolekül zusammenkommt. Die beiden Molekülketten verhalten sich gewissermaßen wie ein Positiv und Negativ:

Die Buchstaben A, C, G, U und T symbolisieren die verschiedenen Basen der Nukleotidbausteine. Das vorgestellte »d« weist darauf hin, daß die Bausteine zur Desoxyribonukleinsäure gehören. Der besseren Darstellung wegen sind die

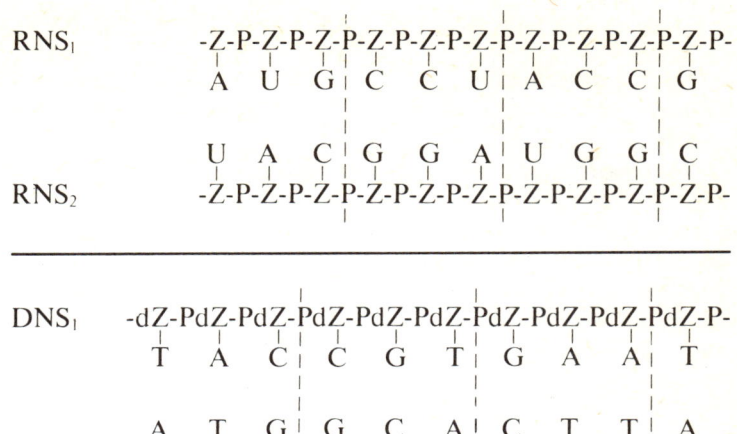

RNS₁ | RNS<sub>1</sub>

-Z-P-Z-P-Z-P-Z-P-Z-P-Z-P-Z-P-Z-P-Z-P-Z-P-
A  U  G  C  C  U  A  C  C  G

U  A  C  G  G  A  U  G  G  C
RNS₂   -Z-P-Z-P-Z-P-Z-P-Z-P-Z-P-Z-P-Z-P-Z-P-

DNS₁   -dZ-PdZ-PdZ-PdZ-PdZ-PdZ-PdZ-PdZ-PdZ-PdZ-P-
T  A  C  C  G  T  G  A  A  T

A  T  G  G  C  A  C  T  T  A
DNS₂   -dZ-PdZ-PdZ-PdZ-PdZ-PdZ-PdZ-PdZ-PdZ-PdZ-P-

(Z=Zucker; P=Phosphorsäure)

Molekülfäden parallel geschrieben. In Wirklichkeit laufen sie – wie gesagt – in der Form einer Spirale umeinander. Derartige Spiralen können sich zwischen gleichen Nukleinsäurearten (RNS/RNS oder DNS/DNS) oder ungleichen (RNS/DNS) ausbilden.

Im Gegensatz zu den Proteinketten sind die Nukleinsäure-Spiralen rechtswendig. Auch hier hat sich in der Struktur kein prinzipieller Unterschied zwischen Krankheitserreger und normaler Zelle herausgestellt.

Aus dem Gesagten können wir schon jetzt den Schluß ziehen, daß es eine einfache Antwort auf die Frage, was einen Krankheitserreger eigentlich zum Krankheitserreger macht, nicht geben wird. An Stelle bedeutsamer Unterschiede fand man zunächst nur gleiche Bausteine und gleiche Gesetze des Aufbaus.

Um an das Problem weiter heranzukommen, wollen wir uns

daher den Aufbau einiger viraler Krankheitserreger näher ansehen.

Analog den Nukleotiden und Aminosäuren im Makromolekülfaden sind wiederum die Nukleinsäuren und Proteine im Viruspartikel räumlich definiert angeordnet. Dabei wird die Nukleinsäure von Protein umhüllt und dadurch vor abbauenden Enzymen geschützt. Darüber hinaus spielt die Proteinhülle bei der Anheftung und Aufnahme des Virusteilchens durch die Wirtszelle eine entscheidende Rolle.

Als Beispiel für den Aufbau eines Viruserregers ist das Tabakmosaikvirus in Abb. 1 dargestellt. Dieses Viruspartikel ist auch ein Beispiel dafür, daß Forschungen auf zunächst unwichtig erscheinenden Gebieten im Laufe der Zeit von allergrößter Bedeutung werden können. So wurde durch das Tabakmosaikvirus nicht nur die Virusforschung praktisch begründet, sondern es wurden am Modell dieses Viruspartikels zahlreiche grundlegend neue Erkenntnisse gewonnen.

Das Tabakmosaikviruspartikel ist 300 nm lang. Das Nanometer (nm) bezeichnet dabei die unvorstellbar kleine Strecke von 0,000001 mm. Der Erreger hat einen Durchmesser von 16 nm und einen Hohlkanal von 4 nm Durchmesser. In der dicken Wandung dieser »Röhre« verläuft spiralförmig ein einziges Ribonukleinsäuremolekül. Dabei wird dieses Nukleinsäuremolekül von etwa 2100 gleichen Proteinmolekülen umschlossen. Jedes Protein ist wiederum aus 158 Aminosäuren in bestimmter Reihenfolge aufgebaut und besitzt das Molekulargewicht $M = 17500$. Das heißt, daß Proteinmolekül wiegt 17500mal so viel wie ein Wasserstoffatom. Das eine Ribonukleinsäuremolekül besteht aus 6300 Nukleotiden und hat ein Molekulargewicht von $M = 2$ Millionen. Dabei gibt es, wie gesagt, vier verschiedene Nukleotidarten. Gewichtsmäßig besteht der virale Krankheitserreger zu 5 % aus Nukleinsäure und 95 % Protein. Die Proteinhülle dient allein dem Schutz und dem Transport der Nukleinsäuren.

Das durch die Untersuchungen von CLUSIUS so frühzeitig in seiner Wirkung aufgefallene Virus der Tulpenbuntstreifigkeit ist im Gegensatz zum Tabakmosaikvirus wesentlich länger. Dieses »Tulip Virus« besitzt im Elektronmikroskop etwa die

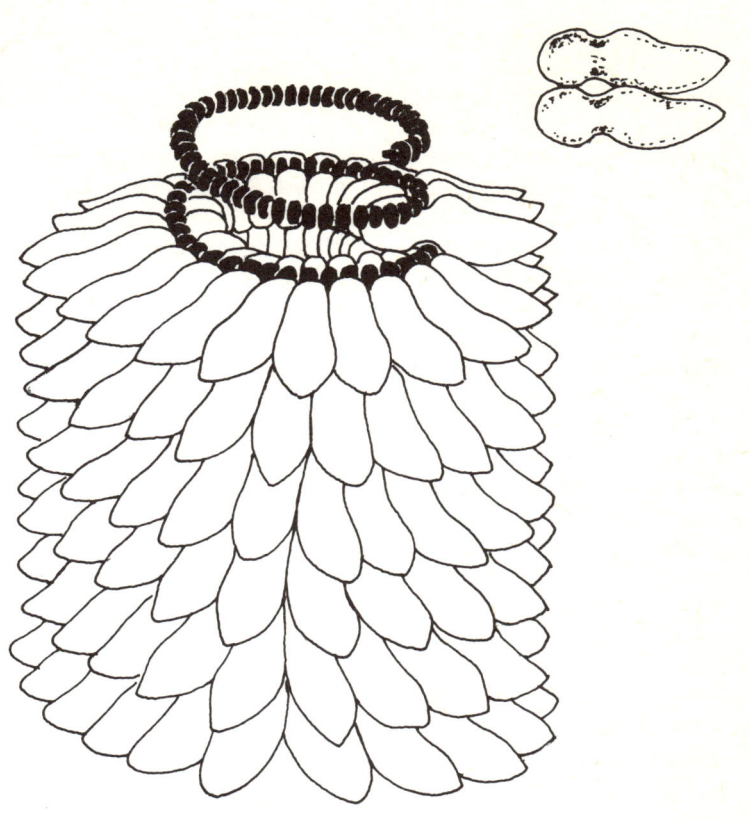

Länge von 750 nm und einen Durchmesser von 13 nm. Abgesehen von der mehr fadenförmigen Struktur gehört dieses Viruspartikel aber ebenso wie das Tabakmosaikvirus zu den einfachen, helikalen RNS-Viren.

Als Beispiel für ein komplizierteres Virusteilchen sei das Semliki-Forest-Virus genannt. Es vermag bei Tier und Mensch fieberhafte Infekte hervorzurufen. Der eigentliche Kern des

Erregers, nicht zu verwechseln mit einem Zellkern, besteht aus einem Ribonukleinsäuremolekül mit einem Molekulargewicht von 4 Millionen. Diese Nukleinsäure wird, wie bei allen Viruserregern, wiederum durch eine Proteinhülle geschützt. Beim Semliki-Forest-Virus-Partikel sind es 230 identische Proteine mit einem Molekulargewicht von jeweils 34 000. Hinzu kommt in diesem Falle eine dicke Hülle aus Protein, Zuckern und Fettstoffen (Lipiden). Diese zusätzliche Schutzhülle findet sich bei zahlreichen tier- und humanpathogenen Viren, sie besteht fast ausschließlich aus Bestandteilen der Wirtszellmembran. Auf diese Art und Weise kann man zum Beispiel im Laboratorium an derartigen lipidhaltigen Viren nachträglich feststellen, ob sie in Hühner- oder Enteneiern gezüchtet worden sind.

Der virale Krankheitserreger hat sich gewissermaßen eine Tarnkappe der Wirtszelle besorgt. Das die Nukleinsäure umhüllende Protein ist dagegen für das jeweilige Virion typisch und für die Wirtsspezifität des Erregers von großer Bedeutung.

Aufgrund der Anordnung der im Beispiel geschilderten Nukleinsäure-Hüllproteine können die Viruserreger in drei Strukturgruppen eingeteilt werden (Abb. 2):

(a) Kugelartig (oft Ikosaeder)
(b) Gedreht (Helix-Stäbchen)
(c) Komplex

Zu den helikalen Viruserregern gehört, wie gesagt, das Tabakmosaikvirus. Grundsätzlich zählen alle stabförmigen Viren zu dieser Gruppe. Aber auch kugelförmige Viren wie das Masern- und Mumpsvirus oder die atypische Geflügelpest gehören zur Gruppe der gedrehten Viruserreger. Die kugelige Gestalt kommt dadurch zustande, daß die helikale längliche Struktur durch eine zusätzliche Lipoproteinhülle zu einer Kugel geformt wird. Die meisten Viruserreger gehören aber zu den echten kugelartigen, das heißt Ikosaeder-Viren. Der Begriff »Ikosaeder« wurde aus den griechischen Worten »eikosi« = 20, sowie »hedra« = Fläche zusammengesetzt. Das heißt, 20 gleichseitige Dreiecke bilden die Begrenzung dieses Körpers.

Es ist in diesem Zusammenhang nicht ohne Reiz, wenn auch reiner Zufall, daß eben dieser reguläre Körper bereits von PLATON (427–347 v. Chr.) zusammen mit dem Tetraeder, Ku-

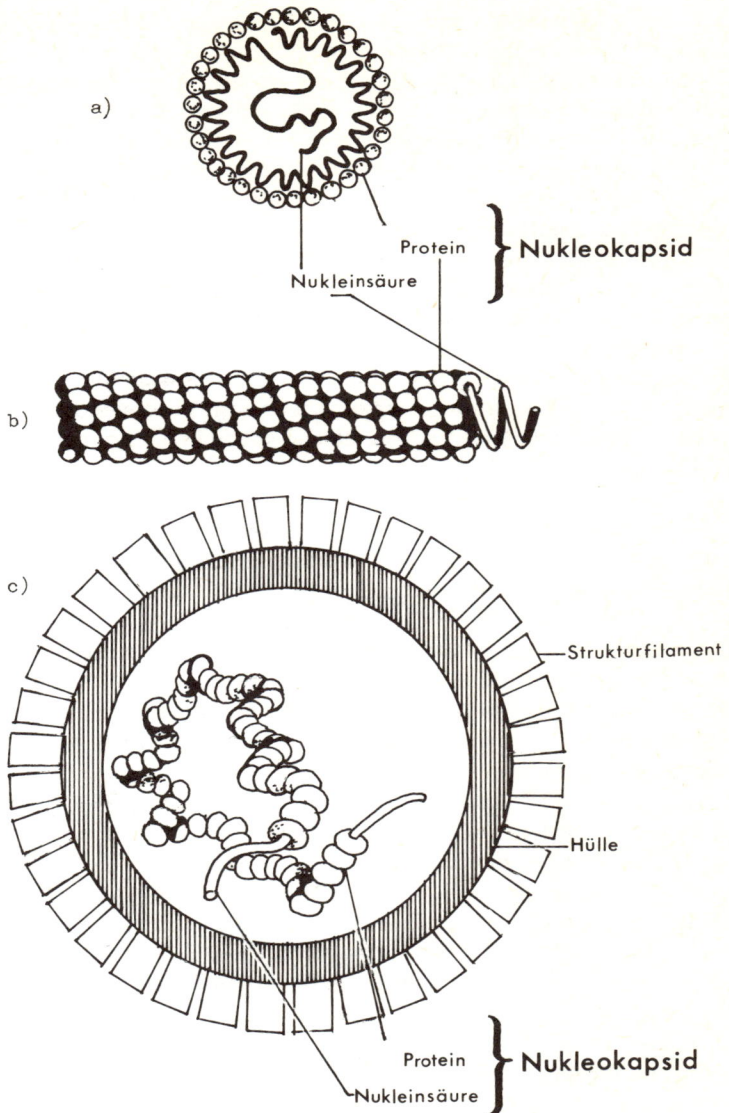

a)

Protein ⎫
         ⎬ **Nukleokapsid**
Nukleinsäure ⎭

b)

c)

Strukturfilament

Hülle

Protein ⎫
         ⎬ **Nukleokapsid**
Nukleinsäure ⎭

bus und Oktaeder als Symbol den 4 Elementen Feuer, Erde, Luft und Wasser zugeordnet wurde.

Zu den regelmäßigen Ikosaeder-Viruserregern gehören zahlreiche Pflanzenviren, aber auch kleine Viren, die Bakterien befallen. Von den Krankheitserregern des Menschen seien das Virus der Kinderlähmung (Polio), das Schnupfenvirus (Rhino) sowie das Warzenvirus genannt. Infolge der zum Volumen geringeren Oberfläche beim Ikosaeder bzw. bei kugelförmigen Strukturen besitzen die Viren dieser zweiten Gruppe wesentlich weniger Proteineinheiten. So baut sich die Hülle des Erregers der Kinderlähmung oder des Schnupfens jeweils aus 60 Proteineinheiten auf. Bei vielen Pflanzenviren sind es 180 Einheiten und bei dem menschlichen Warzenvirus 420. Wir können in diesem Zusammenhang durchaus von Protein-Hohlkristallen sprechen. Im Inneren dieser speziellen organischen Hohlkristalle liegt dann jeweils die Nukleinsäure, der Träger der Information für die Virusvermehrung.

Der Ikosaeder ist aber keine Erfindung biologischer Systeme. Kristallisiertes Bor enthält in seiner Elementarzelle ebenfalls Ikosaeder-Anordnungen.

Auch die gewundene Molekül- oder Atomkette findet sich bereits im Reich der anorganischen Chemie. So besteht die sogenannte μ-Modifikation des Schwefels (»plastischer Schwefel«) aus schraubenförmigen Ketten tausender Schwefelatome. Auch verschiedene Polyphosphate und Silikate liegen als gedrehte Kettenmoleküle vor.

Da es sich bei den angeführten Beispielen aus dem Reich der anorganischen Chemie häufig um sehr feste Bindungen handelt, sind die Energien zur Bildung bzw. Zerstörung der Strukturen allerdings wesentlich höher als im Falle der organischen Makromolekülkomplexe. Das auf organischen Strukturen beruhende Leben ist daher oberhalb von ca. 100°C nicht mehr existenzfähig. Die Ausbildung helikaler oder ikosaedrischer Strukturen ist demnach keine Besonderheit der viralen Krankheitserreger. Es ist eher überraschend, derartige für die unbelebte Welt typische Strukturen in biologisch aktiven Aggregaten wieder vorzufinden.

In der Abb. 3 ist die Ikosaeder-Hohlkristallform zeichne-

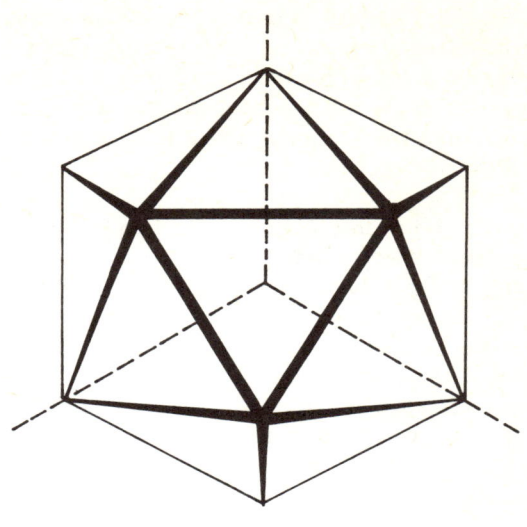

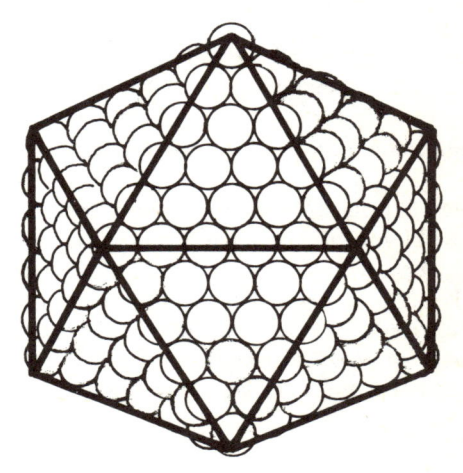

risch dargestellt. Deutlich sind die gleichseitigen Dreiecke sowie die fünffachsigen Ecken zu erkennen. Im unteren Teil der Abbildung sind als Beispiel Hüllproteine in der Form von Kugeln eingezeichnet. Hierbei werden die zwölf Eckproteine von fünf, alle anderen von sechs Nachbarmolekülen umgeben. Insgesamt bilden in diesem Beispiel 252 Proteinkugeln die Virushülle.

Außer den helikalen und ikosaedrischen Strukturen finden wir bei den viralen Krankheitserregern noch komplexe Zusammensetzungen. Zu dieser Gruppe gehören bakterienzerstörende Viren (Bakteriophagen = Bakterienfresser) sowie Erreger der Pockenkrankheit.

Als Beispiel sei der Vaccinia-Erreger der Pocken näher beschrieben. Es handelt sich um einen der größten Viruserreger. Abb. 4 zeigt einen Schnitt durch das Vaccinia-Viruspartikel. Mit einer Abmessung von ungefähr 300 nm liegt dieser Erreger bereits im Auflösungsbereich des Lichtmikroskops. Trotzdem wiegen erst etwa 1000 Viruspartikel ein E. coli-Bakterium auf. Der Pockenerreger enthält wie das Tabakmosaikvirus 5 % Nukleinsäure. Dieses Mal handelt es sich aber nicht um Ribonukleinsäure, sondern um Desoxyribonukleinsäure in der Form von zwei komplementär umeinandergewundenen Nukleinsäurefäden. Das Molekulargewicht des Doppelmoleküls beträgt etwa 170 Millionen und ist damit wesentlich größer als die Nukleinsäuren der meisten anderen Viruserreger. Bei diesem großen und komplexen Virus finden wir neben Lipiden und Zucker zahlreiche unterschiedliche Proteine, darunter auch Enzyme.

Wir sehen bereits an diesen wenigen Beispielen, daß die Länge des Nukleinsäurefadens und die Größe sowie Komplexität des Viruserregers etwa parallel gehen. Über die Art der erzeugten Krankheit sagen diese Faktoren aber nichts aus. Als Beispiel seien der kleine Erreger der Kinderlähmung mit einer Nukleinsäure vom Molekulargewicht 2 Millionen und das obige Pockenvirus mit einer Doppel-Nukleinsäure von 170 Millionen genannt.

Zu den komplexen Viren sind auch einige Bakteriophagen zu rechnen. Hierzu gehören zum Beispiel die Desoxyribonu-

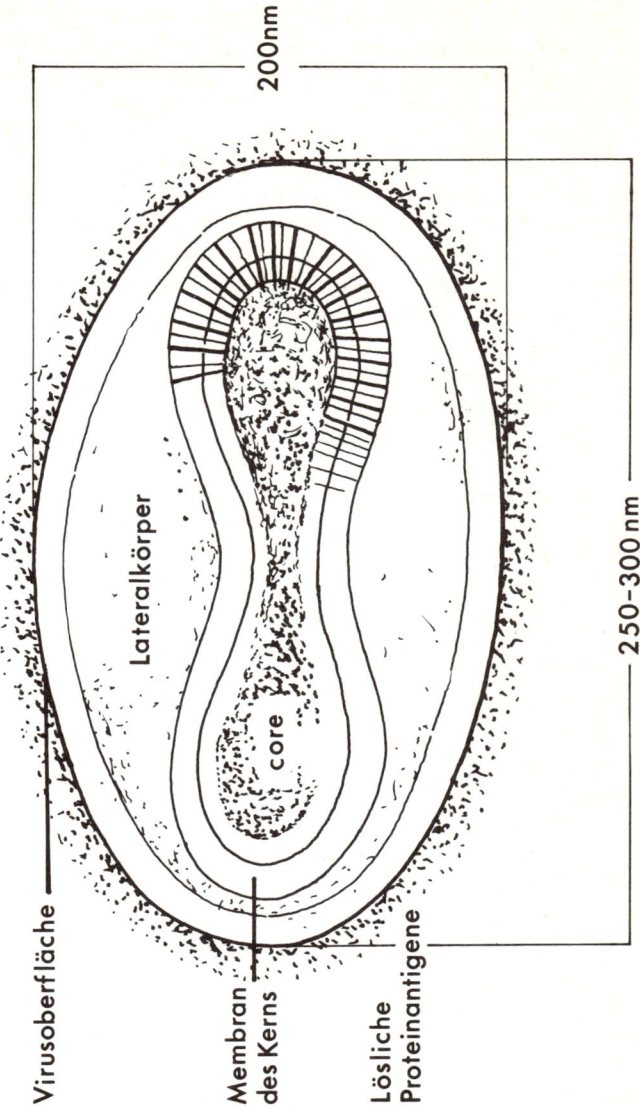

200nm

250–300 nm

Virusoberfläche

Lateralkörper

core

Membran des Kerns

Lösliche Proteinantigene

39

kleinsäure enthaltenden $T_2$ oder $T_4$-Bakteriophagen. Wie die Abb. 5 zeigt, besitzen diese Viruspartikel einen kubischen »Kopf« sowie einen helikalen »Stiel«. Hinzu kommt eine »Stielplatte« mit Proteinfasern. Schon das elektronenmikroskopische Bild läßt vermuten, daß dieses komplizierte Gebilde aus einer größeren Zahl verschiedener Proteinsorten aufgebaut sein muß. Tatsächlich wurden zum Beispiel beim $T_4$-Bakteriophagen etwa 28 verschiedene Proteine gefunden. Im »Kopf« des Viruspartikels befindet sich der Desoxyribonukleinsäure-Doppelfaden. Kommt ein derartiges Virion mit einer geeigneten Bakterienzelle in Berührung, so heften sich die Proteinfasern mit der Platte an die Bakterienzellwand. Dabei kommt ein zellwandabbauendes Protein des Bakteriophagen mit der Zellwand in Kontakt, so daß durch dieses Enzym regelrecht ein Loch in die Bakterienwand »geschweißt« wird. Die Virusnukleinsäure wird sodann in die Bakterienzelle injiziert. Das Virusprotein dagegen gelangt nicht in die Zelle – ein weiterer Beweis dafür, daß die Virusvermehrung innerhalb der Zelle ausschließlich durch die Virusnukleinsäure gesteuert wird. Diese Bakterienviren überlassen ihre Invasion somit nicht einer zufälligen Verletzung – wie im Falle vieler Pflanzenviren – oder der aktiven Aufnahme des Viruspartikels durch die Tier- oder Humanzelle, sie schießen vielmehr ihre Information in Form der Nukleinsäure direkt in die Wirtszelle: eine wahrhaft phantastische Maschinerie auf molekularer Ebene. Dieser Aufwand lohnt sich aber auch für das Virion. Messen wir unter standardisierten Bedingungen zum Beispiel in der Gewebekultur die für eine Infektion notwendige Anzahl an Viruspartikeln, so benötigen wir beim Tabakmosaikvirus etwa 100 000 Teilchen, beim Virus der Kinderlähmung 30–1000, bei den Pokkenviren 10–1000, beim Coliphagen $T_4$ dagegen nur 1 Viruspartikel. Zum Glück gibt es derartig optimale »Infektionsmaschinen«, derart effektive Krankheitserreger für den Menschen bis jetzt nicht.

Nicht alle Viruspartikel enthalten einen Nukleinsäurestrang. Vielmehr können zum Teil »Viren« isoliert werden, die gar keine Nukleinsäure enthalten. In diesen Fällen ist offensichtlich nicht genügend Virus-Nukleinsäure in den infizierten Zel-

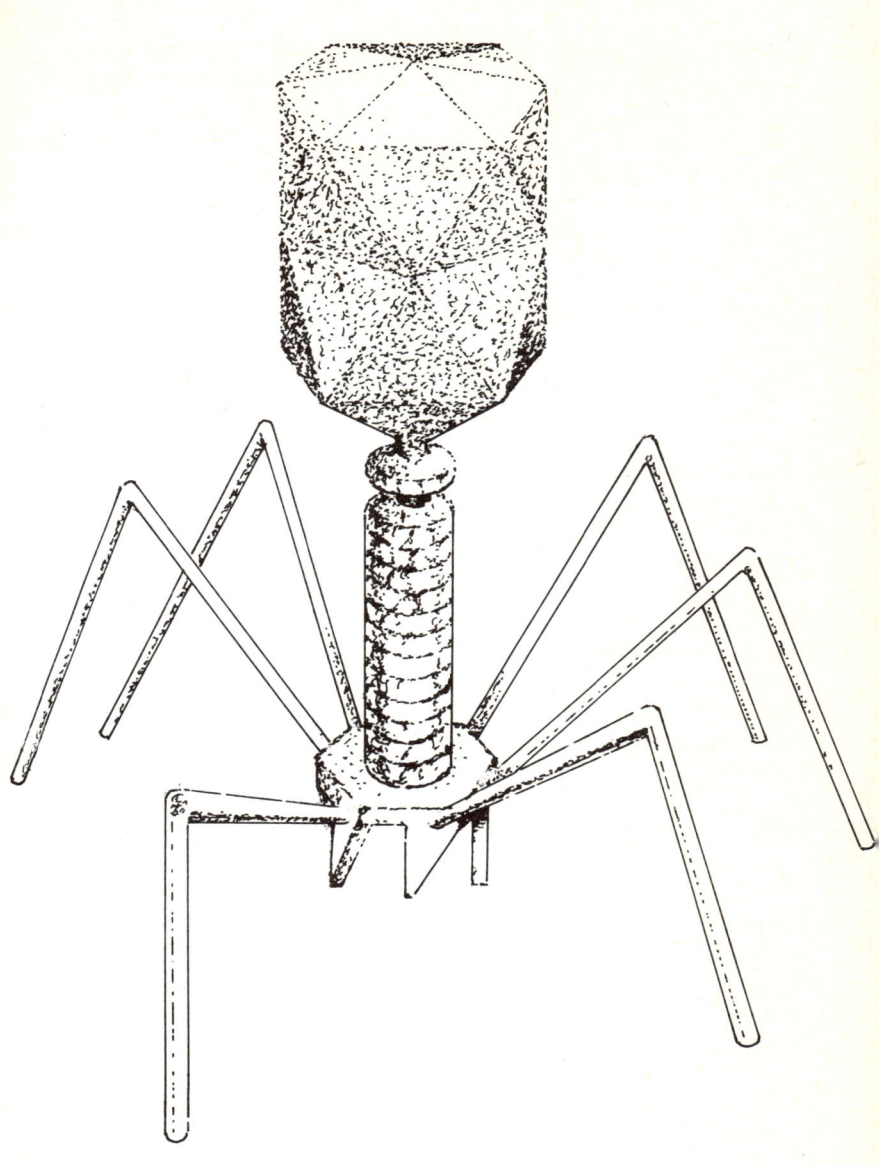

len gebildet worden. Diese »leeren« Partikel sind natürlich nicht infektiös. Die meisten viralen Krankheitserreger besitzen einen einzigen Nukleinsäurestrang. Die Größe dieses Makromoleküls reicht von 0,4 Millionen beim Satelliten-Tabak-Nekrose-Virus bis zu 2 × 85 Millionen Molekulargewicht bei der doppelsträngigen Desoxyribonukleinsäure im Pockenerreger.

Im Gegensatz zur lebenden Zelle enthalten die Viren, wie gesagt, entweder Ribonukleinsäure oder Desoxyribonukleinsäure. Die Pflanzenviren gehören dabei überwiegend zur Gruppe der ribonukleinsäurehaltigen Partikel. Bei den für Tier und Mensch pathogenen Viren finden sich dagegen beide Nukleinsäurearten gleichermaßen vertreten.

Bemerkenswert ist, daß allgemein die kleineren, einfachen Viruserreger in der Regel Ribonukleinsäure enthalten, wohingegen die größeren komplexen Viren Desoxyribonukleinsäure besitzen. Es scheint demnach ein Trend von den kleinen, einfachen, ribonukleinsäurehaltigen Viruspartikeln über die größeren, desoxyribonukleinsäurehaltigen Erreger hin zur sehr komplexen lebenden Zelle zu bestehen. Der mit zunehmender Größe und Komplexität des Erregers einhergehende Wechsel von einer Nukleinsäureart auf die andere könnte damit zusammenhängen, daß die Ribonukleinsäure in sehr großen Molekülketten nicht stabil genug ist. Bei den Desoxyribonukleinsäure-Molekülen können durch Doppelhelix-Bildung wesentlich längere Ketten und damit größere Informationsmengen gebildet werden. So besitzt das Desoxyribonukleinsäure-Molekül des E. coli-Bakteriums ein Molekulargewicht von 3000 Millionen. Bei komplizierteren Zellen, wie bei den höheren Pflanzen, Tier und Mensch, reicht aber auch die Stabilität des gedrillten Desoxyribonukleinsäure-Doppelmoleküls nicht mehr für weiteres Wachstum aus, es müssen mehrere Nukleinsäure-Moleküle im Zellkern zusammengehalten werden. Wir bezeichnen diese spezielle Aggregation als Chromosom. Einige Viruserreger haben das Problem, genügend Nukleinsäuren für den Angriff auf die Wirtszelle zu sammeln, ganz anders gelöst. So gibt es Pflanzenviren, bei denen nicht *ein* Viruspartikel, sondern mehrere gleichzeitig für eine erfolgreiche Infektion notwendig sind. Jedes dieser Viruspartikel, die äußerlich nicht zu unterscheiden sind, enthält einen anderen Nukleinsäurestrang. Die äußere Proteinhülle dieser Teilchen ist identisch, nur die Nukleinsäuren sind verschieden und ergänzen sich bei der Infektion. Jedes einzelne Partikel für sich ist nicht infektiös. Derartige Virussysteme, arbeiten gewissermaßen nach dem Motto: »getrennt marschieren, vereint schlagen«. Der Grund für dieses seltsame Verhalten dürfte darin liegen, daß für alle Nukleinsäure-Moleküle in *einer* Virusprotein-Hohlkugel nicht genügend Platz vorhanden ist. Wir könnten in diesem Zusammenhang von einer ersten, einfachen Zusammenarbeit verschiedener biologischer Systeme sprechen.

Schließlich sollen virale Erreger erwähnt werden, denen es gelungen ist, verschiedene Nukleinsäurefäden in *einer* Hülle zu vereinigen. Hierzu gehören so wichtige Erreger wie das Grippevirus (Influenza) oder die Retraviren, zu denen auch die krebserzeugenden Oncornaviren gerechnet werden. Diese Viruserreger enthalten in ihrem Proteinmantel 4–9 Ribonukleinsäure-Moleküle. Sie sind gemeinsam – diesmal auch räumlich vereint – für eine erfolgreiche Infektion notwendig. Die Tatsache, daß bei diesen Viruserregern mehrere Nukleinsäurestücke vorhanden sind, hat sehr praktische Bedeutungen. So beruht die Anpassungsfähigkeit der Influenzaviren nicht zuletzt auf dieser Tatsache. Es vergeht kaum ein Jahr, in dem nicht ein neuer Grippe-Erreger auftaucht. Die vom Organismus im vorherigen Jahr mühsam aufgebaute immunologische Abwehr gegen den ursprünglichen Influenzastamm ist damit weitgehend wirkungslos geworden. Demgegenüber sind die mit *einer* Nukleinsäure versehenen Erreger der Kinderlähmung sehr stabil. Sie können daher mit einmal gebildeten körpereigenen Abwehrstoffen gut unter Kontrolle gebracht werden (s. Kap. 10).

Normalerweise werden neue DNS- (wie RNS-)Stränge nur von vorhandenen DNS-Fäden abkopiert. Die Informationsübertragung für die Proteinsynthese erfolgt in der Reihenfolge DNS → RNS → Protein.

Die Retraviren erhielten ihren Namen aufgrund der Tatsache, daß sie ein Enzym enthalten, das »umgekehrt« von Ribonukleinsäure Desoxyribonukleinsäure ablesen und synthetisieren kann. Dieses Enzym wird daher auch als »Reverse Transcriptase« bezeichnet. Damit ergäbe sich hier ein erster Unterschied zwischen bestimmten Krebserregern und der Wirtszelle, der eines Tages therapeutisch genutzt werden könnte. Schließlich zählen alle krebserzeugenden Viren zu den komplexen Viruserregern. Inwieweit diese Komplexizität für die krebserregende Eigenschaft mitverantwortlich ist, bleibt zu klären.

Wir erwähnten zu Beginn des Kapitels das Satelliten-Tabak-Nekrose-Virus mit einer Nukleinsäure von nur 0,4 Millionen Molekulargewicht. In diesem Zusammenhang stellt sich die Frage nach der kleinsten noch biologisch aktiven, d. h. hier krankheitserregenden Nukleinsäure. Nun zeigt bereits der Name »Satelliten-Virus«, daß es auf ein anderes Viruspartikel, nämlich das Tabak-Nekrose-Virus, angewiesen ist. Dieses besitzt eine Nukleinsäure mit der Größe 1,5 Millionen. Alle eigenständigen Viren müssen offenbar eine Nukleinsäure mit einem Gesamt-Molekulargewicht von größer als 1 Million besitzen. Bereits ein einziger Bruch in der Nukleinsäurekette führt in der Regel zu nicht mehr infektiösen Bruchstücken.

Zusammenfassend können wir sagen, daß auch in der Struktur und im Aufbau zwischen Krankheitserreger und Wirtszelle keine grundlegenden Unterschiede bestehen. Zwar gibt es hier und dort Besonderheiten wie die DNS-Synthese an RNS-Molekülen, aber hierbei handelt es sich eher um Ausnahmen denn um die Regel.

Vielleicht hatte man aber doch geringe Mengen eines spezifischen krankmachenden Produktes in den Viren übersehen?

*Zusammenfassung:*
1. Die Bausteine der Proteine, die Aminosäuren, sind wendeltreppenartig angeordnet ($\alpha$-Helix).
2. Die weitere – spontane – Faltung der Helix führt zur Tertiärstruktur.
3. Die Zusammenlagerung tertiär-gefalteter Proteinmoleküle ergibt die Quartärstruktur (z. B. Virushülle).
4. Nukleinsäuren liegen als Einzel- oder Doppelstrang vor.
5. Die Virusnukleinsäure wird im Viruspartikel durch Proteinmoleküle umhüllt.

6. Es gibt helikale, kubische und komplexe Viruspartikel.
7. Einige Viren enthalten *einen* Nukleinsäurestrang, andere dagegen mehrere. Die Virushülle kann aus einer oder mehreren Proteinarten bestehen.

# 4. Puzzlespiele mit Makromolekülen

Nachdem bei vielen der infektiösen Makromolekül-Komplexe (Viria) die Bausteine und ihre Anordnung bekannt waren, wurde schon bald die Wiederzusammensetzung der isolierten Bestandteile zu intakten Viren versucht. Ermutigt war man zu derartigen – zunächst kaum möglich erscheinenden – Zusammensetzungen durch die spontan erfolgende Wiederfaltung der denaturierten Proteinkette. Auch die beschriebene (7) Zusammenlagerung gereinigter Tabakmosaikviren zu makroskopischen Kristallen ermutigte zu solchen Versuchen. Tatsächlich stellten sich erste Erfolge bald ein, bevorzugt natürlich bei den einfachen Viren (12–14), welche nur aus *einem* Nukleinsäuremolekül und einer Hüllproteinart bestehen. So gelang die Zusammensetzung der Tabakmosaikviren aus isolierter und gereinigter Tabakmosaikvirus-Nukleinsäure sowie Virusprotein im Reagenzglas. Diese neu zusammengesetzten Erreger waren auf dem Tabakblatt voll infektiös. Durch die Schutzfunktion des Hüllproteins wird dabei die auch in der isolierten Nukleinsäure enthaltene Infektiosität gesteigert. In der Folgezeit gelang es sogar, die Nukleinsäure eines Pflanzenvirus mit dem Hüllprotein eines anderen Viruserregers zu ummanteln. Auf diese Art und Weise wurden künstliche Viren zusammengesetzt. Derartige Versuchsreihen – Zerlegung, Reinigung und Wiederzusammenbau – zeigten, daß keine unbekannten Bausteine bei der Infektion im Spiel sein konnten. Ferner bestätigte die Zusammensetzung von Virusnukleinsäure mit fremdem Hüllprotein ein weiteres Mal, daß nur die Nukleinsäure die Information für die Infektion besitzt.

Nachkommen der so hergestellten »hybriden« Partikel waren jeweils diejenigen Viren, aus denen die Nukleinsäure gewonnen worden war. Die Virusproteinhülle war demgegenüber für die Art der Nachkommen unbedeutend.

Daß es sich bei den beschriebenen Versuchen nicht um weltfremde Basteleien handelt, zeigen erst kürzlich beschriebene Befunde: in einer Zellkultur wurden gemeinsam ein in der Maus krebserregendes Mäusevirus sowie ein »harmloses« Pavianvirus gezüchtet. Hierbei entstanden nun in Analogie zu den obigen Versuchen zum Teil Viruspartikel, deren Nukleinsäure vom – nur in der Maus krebserzeugenden – Mäusevirus, deren für die Aufnahme wichtige Hülle jedoch vom Pavianvirus stammten. Dadurch war nun aber das für höhere Primaten (wozu auch der Mensch gehört) harmlose Mäusevirus auch für diese Organismen gefährlich geworden. Das National Cancer Institut, USA, hat daher sofort auf diese nicht unbedingt vorhersehbaren Ergebnisse aufmerksam gemacht und vor den Gefahren derartiger Experimente gewarnt.

Versuche zur Aggregation von reinem Virushüllprotein ergaben, daß hierbei spontan Partikel entstehen, die unter dem Elektronenmikroskop nicht von normalen Viren zu unterscheiden sind. Da diese keine Nukleinsäure enthalten, sind sie auch nicht infektiös. Damit hatte man die natürlich gefundenen »leeren Viren« künstlich nachgebildet. Auch diese Untersuchungen zeigen ein weiteres Mal, daß die spezifische Zusammenlagerung der Bausteine spontan verläuft. Die Information für die gesamte Struktur muß somit in der Reihenfolge der Einzelbausteine in den Kettenmolekülen bereits vorliegen. Verwunderlich an der Bildung der Virusproteinhülle ist die Tatsache, daß sie ohne Energiezufuhr spontan erfolgt. Thermodynamisch gesehen dürfte die Entstehung derartig hochstrukturierter Einheiten in dieser Weise nicht möglich sein. Nun, es zeigte sich, daß die Proteinbausteine stark geordnete Wasserhüllen mit quasi-kristalliner Struktur besitzen. Bei der Proteinhüllbildung werden diese Wasserschichten weitgehend zerstört, woraus insgesamt eine Zunahme der Unordnung des Systems resultiert. Dadurch ist aber die spontane Bildung einer Ordnung in Teilbereichen möglich. Zeichnerisch kann der Viruszusammenbau in folgenden Schritten dargestellt werden:

Nukleinsäuren wie Proteinketten falten sich unter bestimm-

**Primärstruktur**

1 RNS    +    Proteine

**Sekundärstruktur**

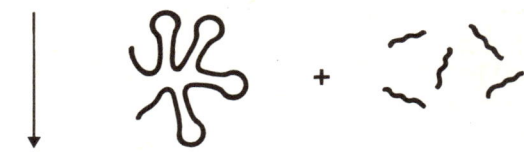

**Tertiärstruktur**

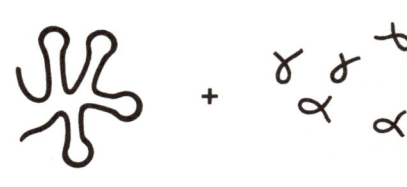

**Quartärstruktur**

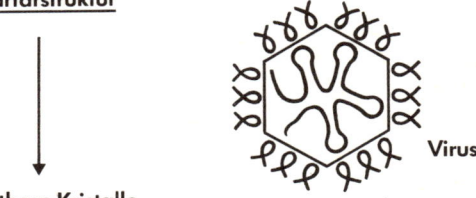

Virus

**Sichtbare Kristalle**
aus Millionen von
Viruserregern

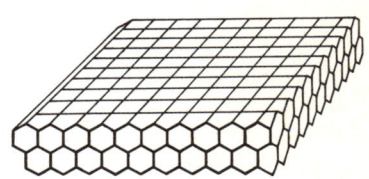

47

ten Milieubedingungen spontan zu Strukturen, die sich letzten Endes zum Viruspartikel zusammenlagern. Die Aneinanderlagerung der identischen Viruspartikel führt sodann häufig zur Bildung sichtbarer Kristalle. Derartige kristalline Anordnungen von viralen Krankheitserregern können sogar nach oder während einer Krankheit im Gewebe nachgewiesen werden.

Ein Beispiel, daß eine derartig spezifische Zusammenlagerung von Nukleinsäure und Protein nicht auf die Viruserreger beschränkt ist, sind die in jeder Zelle vorhandenen »Proteinsynthesemaschinen«, die Ribosomen. Diese Zellpartikel besitzen ein Molekularkomplexgewicht von etwa 3 Millionen und einen Durchmesser von etwa 18 nm. Sie sind demnach von der Größenordnung kleiner Viren. Die molekularen Maschinen enthalten drei Ribonukleinsäurestränge mit einem Molekulargewicht zwischen 0,5 und 1 Million. Etwa 40% der »Maschinen« bestehen aus verschiedenen Proteinen. Der Zusammenbau dieser Proteinsyntheseanlage aus den Bausteinen im Laboratorium ist inzwischen gelungen.

Von diesen Befunden ausgehend, können wir erwarten, daß auch die Zusammensetzung der komplexeren Viruserreger aus den Einzelbausteinen eines Tages gelingen wird. Durch ein besseres Verständnis der Wechselwirkungen zwischen den verschiedenen Makromolekülen wird es außerdem möglich sein, derartige Krankheitserreger besser zu bekämpfen.

Eine einfache Analogie zur Virusbildung stellen die sogenannten Käfigverbindungen dar. Läßt man zum Beispiel Wasser oder Hydrochinon in Gegenwart von Edelgasen wie Neon auskristallisieren, so werden Edelgasatome in definierten Hohlräumen der Kristalle eingeschlossen. Allerdings liegen bei den Viruserregern in den Hohlräumen anstelle von Edelgasatomen Nukleinsäuren, welche auf die Chance der Selbstvermehrung in den lebenden Zellen »warten«.

Man kann das Puzzlespiel mit Nukleinsäuren und Hüllproteinen noch weiterführen:

Neben der natürlichen oder künstlichen Kombination von beispielsweise Virusnukleinsäure Typ 1 mit Virushüllprotein Typ 2 gibt es den Austausch von Nukleinsäurestücken zwischen verschiedenen Viren. Im Gegensatz zur beschriebenen Kombination Nukleinsäure/Hülle kommt es hierbei zur Entstehung neuartiger, genetisch stabiler Virusarten.

Werden zum Beispiel zwei verschiedene Grippeviren einem Schwein als Kontakttier appliziert, so können unter derart imitierten natürlichen Bedingungen neuartige Viruserreger aus dem Tier isoliert werden. Diese Grippeviren enthalten Eigenschaften von beiden übertragenen Viruspartikeln. Es hat eine sogenannte Rekombination, eine Neuordnung der Virusnukleinsäure stattgefunden. Derartige Rekombinationen können besonders dort gehäuft auftreten, wo verschiedene Tierarten oder Mensch und Tier auf engem Raum zusammenleben. Es ist daher vielleicht kein Zufall, daß die großen Grippeepidemien der Jahre 1889, 1957 sowie 1968 ihren Ursprung in Asien hatten.

Die große Gefahr derartiger Nukleinsäureneuordnungen liegt darin, daß Tier und Mensch gegen den neuen Erreger noch keine Abwehrstoffe bilden konnten. Die Viren können sich daher äußerst rasch weltweit ausbreiten. Man spricht in diesen Fällen von einer »Pandemie«. Die Grippe (Influenza)-Pandemie von 1918 forderte etwa 20 Millionen Tote. Die Letalität der Krankheit lag mit 80% ungewöhnlich hoch. Von hundert Erkrankten starben etwa achtzig!

Das Ordnen der Viruserreger nach ihren Eigenschaften bereitete zunächst große Schwierigkeiten. Im Gegensatz zu den zellulären Krankheitskeimen besitzen die Viren ja keinen eigenen Stoffwechsel. Im Hinblick auf ihre geringe Größe waren ferner Einteilungen nach der Struktur schwierig. Aus diesen Gründen wurden die Viren zunächst nach dem Krankheitsbild sowie Träger und Organotropie eingeteilt. So nannte man das für die Fleckenkrankheit der Tabakpflanze verantwortliche Prinzip Tabak-Mosaik-Virus, ein tierpathogenes Viruspartikel entsprechend Maul-und-Klauenseuchen-Virus.

Häufig wurden auch Kunstworte geschaffen. Beispiele hierfür sind Namen wie Oncornaviren (*oncogene-RNA*[1]*-Viren*), Picornaviren (*pico*[2]*-RNA*[1]*-Viren*), Picodnaviren (*pico*[2]-

---

1 Abkürzung des englischen Wortes für RNS
2 pico = klein

$DNA^3$-Viren) oder Diplornaviren ($diplo^4$-$RNA^1$-Viren).
Schließlich kommen in vielen Virusnamen Besonderheiten von
Ort oder Art ihrer Vermehrung zum Ausdruck: Arboviren
(engl: *Arthropod borne* viruses; d. h. durch Insekten übertragene Viren), Myxoviren (gr.: myxo = Schleim; d. h. diese
Viren binden sich in erster Linie an Schleimbestandteile der
Zelloberfläche), Pockenviren (Pocken = Bläschen, Blattern)
oder Adenoviren (die ersten Viren dieser Gruppe wurden in
menschlichen Tonsillen-*Adeno*iden nachgewiesen).

In anderen Namensgebungen spiegeln sich Eigenarten der
Morphologie des Viruspartikels wider: Baculoviren (lat.: baculum = Stäbchen), Rhabdoviren (gr.: rhabdos = Stift), Togaviren (lat.: toga = Mantel), Coronaviren (lat.: corona = Kranz)
oder Parvoviren (lat.: parvus = klein). Die Namensgebung der
wichtigen Gruppe der Herpes-Viren geht schon auf HIPPOKRA
TES zurück. Der Begriff »Herpes« wurde, natürlich ohne
Kenntnis der Erreger, auf bestimmte Hautkrankheiten bezogen (gr.: herpein = kriechen, kribbeln).

Eine Ordnung der Viren allein aufgrund ihres natürlichen
Wirtes sowie des Krankheitsbildes ist nach heutigem Wissensstand nicht ausreichend. Die Ausbildung der Krankheitsbilder
ist häufig stark von äußeren Einflüssen wie Ernährungslage,
Alter, Stress oder Sekundärinfektionen abhängig. Mit fortschreitender Kenntnis der Viruspartikel wurden daher weitere
Merkmale der Erreger hinzugezogen:

1. Enthält der Viruserreger Ribonukleinsäure (R) oder Desoxyribonukleinsäure (D)?
2. Liegt die Nukleinsäure als Einzel- oder Doppelfaden vor
   (1/2)?
3. Wie groß ist die Nukleinsäure (Molekulargewicht in
   $10^6$)?
4. Wie hoch ist der gewichtsmäßige Anteil der Nukleinsäure(%)?
5. Wie ist die äußere Form (S = sphärisch; E = länglich; U
   = länglich, Enden abgerundet; X = komplex)?
6. Form des inneren Nukleokapsids (Symbole wie bei 5)?

---

3 Abkürzung des englischen Wortes für DNS
4 diplo = doppel (hier: doppelsträngige RNS)

7. Natürlicher Wirt (V = Wirbeltiere; I = Nicht-Wirbeltiere; S = Pflanze)?

8. Gibt es einen speziellen Überträger (0/+)?

Mit der Angabe der obigen Parameter ist ein Viruserreger in der Regel ausreichend charakterisiert. Wie können diese Daten aber bei der großen Zahl an Viren möglichst gedrängt dargestellt werden? Um die Angaben international verständlich zu machen, werden die genannten acht Beschreibungen in einem sogenannten »Kryptogramm« dargestellt. Das Wort kommt aus dem Griechischen und besagt soviel wie »Geheimtext«. Das Kryptogramm des Erregers der Kinderlähmung lautet zum Beispiel R/1:2,5/30:S/S:V/0, in der Tat zunächst ein Geheimtext, der sich aber leicht entschlüsseln läßt. Die vier durch Doppelpunkte getrennten Symbolpaare stellen die obigen acht Fragen in der folgenden Reihenfolge dar 1./2.:3./4.:5./6.:7./8. Auf das obige Kryptogramm des Erregers der Kinderlähmung (Poliovirus) angewendet, wäre der Klartext: Ein Virus mit Ribonukleinsäure (R), einsträngig (1), das Molekulargewicht der Ribonukleinsäure beträgt 2,5 Millionen, der gewichtsmäßige Anteil am Gesamtviruspartikel 30%, die äußere und innere Struktur des Teilchens ist sphärisch (S/S), der natürliche Wirt gehört zu den Wirbeltieren (Mensch/Affe) (V), einen Überträger (Vektor) gibt es für das Poliovirus nicht (0). Aufgrund derartiger Daten lassen sich sodann bereits zahlreiche Viren in verwandte Gruppen zusammenfassen.

In der folgenden Tabelle sind die acht Merkmale einiger wichtiger Virusgruppen in der Form des Kryptogramms dargestellt. Nach einiger Übung anhand der acht Fragen lassen sich die Daten rasch ablesen. Für den Menschen sind besonders Viren der Herpes-, Orthomyxo-, Paramyxo- sowie Pockengruppe von Bedeutung. Die Pflanzenviren gehören zum größten Teil zur Gruppe der Tymoviren. Sie enthalten einsträngige Ribonukleinsäure mit einem Molekulargewicht von etwa 2 Millionen.

| Virusgruppe | Kryptogramm | Typisches Beispiel |
|---|---|---|
| Adenoviren | $\dfrac{D}{2} : \dfrac{20-25}{12-14} : \dfrac{S}{S} : \dfrac{V}{O}$ | Adenovirus Typ 4 |
| Caulimoviren | $\dfrac{D}{2} : \dfrac{5}{15} : \dfrac{S}{S} : \dfrac{V}{+}$ | Cauliflower Mosaic Virus |
| Herpesviren | $\dfrac{D}{2} : \dfrac{60}{7} : \dfrac{S}{S} : \dfrac{V}{O}$ | Herpes simplex Virus |
| Retraviren | $\dfrac{R}{I} : \dfrac{\lesseqgtr 10-12}{1,5} : \dfrac{S}{?} : \dfrac{V}{O}$ | Rous Sarkom Virus |
| Orthomyxo-viren | $\dfrac{R}{I} : \dfrac{\lesseqgtr 5}{1} : \dfrac{S}{E} : \dfrac{V}{O}$ | Influenzavirus A |
| Papovaviren | $\dfrac{D}{2} : \dfrac{3-5}{7-15} : \dfrac{S}{S} : \dfrac{V}{O}$ | SV 40 |
| Paramyxoviren | $\dfrac{R}{1} : \dfrac{7,5}{3} : \dfrac{S}{E} : \dfrac{V}{O}$ | Masernvirus |
| Picornaviren | $\dfrac{R}{1} : \dfrac{2,5}{30} : \dfrac{S}{S} : \dfrac{V}{O}$ | Poliovirus |
| Pockenviren | $\dfrac{D}{2} : \dfrac{160}{3-5} : \dfrac{X}{?} : \dfrac{V}{O}$ | Vacciniavirus |
| Reoviren | $\dfrac{R}{2!} : \dfrac{\lesseqgtr 15}{15} : \dfrac{S}{S} : \dfrac{V}{O}$ | ECHO 10 |
| Rhabdoviren | $\dfrac{R}{1} : \dfrac{3,5}{2} : \dfrac{U}{E} : \dfrac{V}{+}$ | Tollwutvirus |
| T-even-Bakt.-phagen | $\dfrac{D}{2} : \dfrac{137}{40} : \dfrac{X}{X} : \dfrac{B}{O}$ | $T_4$ |
| Togaviren | $\dfrac{R}{1} : \dfrac{\lesseqgtr 3-4}{4-8} : \dfrac{S}{S} : \dfrac{V}{+}$ | Sindbisvirus |
| Tymoviren | $\dfrac{R}{1} : \dfrac{2}{35} : \dfrac{S}{S} : \dfrac{S}{+}$ | Turnip Yellow Mosaic Virus |

$\lesseqgtr$ = Nucleinsäure besteht aus mehreren Stücken.

52

*Zusammenfassung:*

1. Es ist möglich, die isolierten Bestandteile des Viruspartikels – Nukleinsäure und Proteine – wieder zu intakten Erregern zusammenzusetzen.

2. Die Zusammenlagerung der Virusbestandteile zum fertigen Partikel erfolgt spontan.

3. Darüberhinaus können künstliche Viren durch Zusammenfügen von Nukleinsäure der einen Virusart mit Hüllprotein einer anderen hergestellt werden.

4. Die Nachkommen dieser künstlichen Viruserreger entsprechen *der* Virusart, aus welcher die Nukleinsäure stammte.

5. Bei der Herstellung derartig neuer Viria ist besondere Aufmerksamkeit geboten, da die künstlichen Erreger u. U. besonders pathogen sein können.

6. Aus reinem Virushüllprotein können »leere«, nichtinfektiöse Viruspartikel hergestellt werden. Sie haben im Elektronenmikroskop das gleiche Aussehen wie die natürlichen, Nukleinsäure-haltigen Krankheitserreger.

7. Bei genügend hoher Konzentration und Reinheit bilden viele Viruserreger sichtbare Kristalle.

8. Genetisch stabile neue Viria entstehen häufig durch Nukleinsäureaustausch zwischen verschiedenen Virusarten (Rekombination).

9. Die viralen Erreger werden nach ihren Haupteigenschaften mit Hilfe einer Kurzform (Kryptogramm) geordnet.

# 5. Die Sprache der Makromoleküle

## 5.1. Erkennen

Wie wir gesehen haben, kommen in allen Viren und Zellen – sei es Bakterium, Pflanze, Tier oder Mensch – die Makromoleküle Nukleinsäure sowie Protein vor. Sie sind die unabdingbare Voraussetzung für jedes selbstvermehrungsfähige biologische System. Wie kann dieser Befund erklärt werden? Was zeichnet diese beiden Makromoleküle gegenüber anderen aus? Einen wichtigen Unterschied haben wir bereits kennengelernt. Im Gegensatz zur erwähnten Cellulose besitzen Nukleinsäuren und Proteine verschiedenartige Bausteine in der Makromolekülkette. Dadurch ist eine Fülle unterschiedlicher Anordnungen möglich. Es handelt sich hierbei um eine sogenannte »Sequenzisomerie«. Das heißt, die 4 verschiedenen Bausteine der Nukleinsäure bzw. die etwa 20 verschiedenen Aminosäuren der Proteinkette können in vielfältiger, unterschiedlicher Reihenfolge angeordnet werden. Durch diese Vielfalt ist es derartigen Makromolekülen möglich, recht unterschiedliche Wechselwirkungen einzugehen. Hier liegt zweifellos einer der wichtigsten Schlüssel zum Verständnis des mindestens vier Milliarden Jahre langen Weges des Lebens und damit auch seiner Krankheiten. Bereits ein einzelnes Ribonukleinsäure-Molekül kann durch die Wechselwirkung bestimmter Bausteine innerhalb der Kette definierte Strukturen ausbilden. Eine derartige Ordnung innerhalb der Molekülkette kann aus statistischen Gründen nicht zufällig sein, sondern muß durch eine schrittweise ursprüngliche Synthese entstanden sein. Ein weiterer Ausdruck der Wechselwirkung liegt bei der Doppelspiralbildung zweier komplementärer Nukleinsäuremoleküle vor. Die zur Wirkung kommenden Wechselreaktionen sind dabei die gleichen wie bei der Selbstfaltung (s. Kapitel «Struktur und Aufbau»).

Auf diesem Wege ist es möglich, das Makromolekül Nukleinsäure zu vervielfältigen. Darüberhinaus können sich bestimmte Strecken der Nukleinsäurekette gewissermaßen »erkennen«.

Aufgrund des Erkennungsmechanismus zwischen den jeweiligen Nukleinsäurebausteinen können regelrechte Ähnlichkeitsreihen zwischen verschiedenen Nukleinsäuremolekülen aufgestellt werden. Sehr ähnliche Makromoleküle – wir können auch sagen, verwandte Moleküle – besitzen starke Wechselwirkungen aufgrund der ähnlichen Bausteinreihenfolge. Praktisch kann man so vorgehen, daß ein Filter mit einer bestimmten Nukleinsäure fest belegt wird und daß eine komplementäre, Nukleinsäure enthaltende Mischung durch dieses Filter gegeben wird. Ähnliche, verwandte Nukleinsäuren werden dann stärker festgehalten als die anderen, fremden Nukleinsäuren.

Wir sehen, daß das Filtrieren in der Virusforschung immer wieder eine bedeutende Rolle gespielt hat. Auch dieses Mal waren einige so gewonnene Befunde derart überraschend, daß Kritiker die Ergebnisse mit dem Satz kommentierten: »Diese Leute haben entweder Löcher im Filter – oder im Kopf.« Aber auch dieses Mal hielten die »Filter« das, was sie versprachen – so wie seinerzeit, als es darum ging, ob der »infektiöse Saft« der Tabakpflanze bakterieller Natur sei oder nicht.

Auch die Erkennungsfähigkeit zwischen Nukleinsäure und Protein kann zum Teil sehr spezifisch sein. So muß eine selbstvermehrungs- und verpackungsfähige Virusnukleinsäure über folgende spezifischen Proteinerkennungsregionen verfügen:
1. eine Erkennungsregion für die Proteinsynthesemaschine der lebenden Wirtszelle;
2. eine Erkennungsregion für die nukleinsäureherstellenden Enzyme, und
3. eine Region für den Anfang der Hüllproteinanlagerung.
Derartiges Erkennen ist nur über eine definierte räumliche Anordnung der Molekülbausteine möglich.

Erkennen ist zwar eine wichtige Voraussetzung, um miteinander zu reden. »Wahlverwandtschaften« allein führen aber noch nicht zur Informationsübertragung. Diese ist jedoch notwendig, wenn sich die Nukleinsäure in der etablierten Welt der heilen Zelle vermehren will.

## 5.2. Informationsübertragung

Damit das Nukleinsäuremolekül »reden«, das heißt, seine als Sequenz gespeicherte Information weitergeben kann, sind bestimmte Proteine notwendig. Diese Enzyme verknüpfen die spezifisch an einem Nukleinsäurefaden adsorbierten Nukleinsäurebausteine zu einem neuen Nukleinsäuremolekül. Dieses stellt dann das Negativ zum ersten Molekül dar (s. Kap. 2). Von dem Negativ können nun wiederum ursprüngliche Nukleinsäuremoleküle synthetisiert werden. Normalerweise werden von Desoxyribonukleinsäurefäden neue Desoxyribonukleinsäuren unter Mitwirkung eines Polymerase-Enzyms synthetisiert. Analog können von Ribonukleinsäuremolekülen mit der Hilfe anderer Enzyme neue Ribonukleinsäuren synthetisiert werden. In beiden Fällen handelt es sich um eine echte Makromolekülvermehrung. Aber es kann auch von einem Desoxyribonukleinsäurefaden eine Ribonukleinsäure abgedruckt werden. Die entstehenden RNS-Moleküle sind kürzer als die als Druckstock dienende DNS. Bei einigen Krebsviren ist, wie gesagt, auch der umgekehrte Prozeß möglich. Auf diese Vorgänge werden wir im Kapitel der Virusvermehrung noch näher eingehen.

Nicht beobachtet wurde bisher die Bildung spezifischer Nukleinsäuren an einem Proteinfaden. Ein Informationsfluß vom Proteinmolekül zur Nukleinsäure hin findet offenbar nicht statt. Damit gelangen wir zur Frage nach den Anfängen einer derartigen Molekülsprache. Viruserreger sind als obligate Parasiten auf lebende Zellsysteme angewiesen. Sie können daher nicht am Anfang der Entwicklung lebender Systeme gestanden haben. Ein selbstvermehrungsfähiger Komplex würde nach den heute herrschenden Vermehrungsmechanismen zahlreiche spezielle Ribonukleinsäure und Enzymproteine benötigen. Um die Information für die Neubildung dieser notwendigen Hilfstruppen zu speichern, müßte eine Ribonukleinsäure ein Molekulargewicht von mehr als 40 Millionen besitzen. Dabei müßten alle niedermolekularen Bau- und Energiestoffe bei diesem Denkmodell durch physikochemische Vorgänge in der Uratmosphäre geliefert werden. Ein derartiges System wäre ohne Hilfe von vorhandenen lebenden Zellen im Reagenzglas vermehrungsfähig. Trotzdem wäre das obige Denkmodell nicht für einen Anfang geeignet, da ja bereits eine Fülle komplizierter Makromoleküle gleichzeitig vorliegen müßte. Daß diese aber zufällig entstanden sein sollten, ist viel zu unwahrscheinlich. Das Problem der heute auf der Erde zu findenden Nukleinsäure-Vermehrungsweise ist, daß sie zunächst die Bildung eines Proteins erfordert, das Nukleinsäurebausteine aneinanderfügen kann. Für eine derartige Proteinsynthese sind aber wiederum Proteine notwendig, nämlich die Proteine der Proteinsynthesemaschine Ribosom. Im übertragenen Sinne könnte man sagen, um eine Werkzeugmaschine zu bauen, benötigt man zunächst Werkzeuge. Dieses System kann demnach prinzipiell nicht aus eigener Kraft starten. Die Anfänge selbstvermehrungsfähiger Aggregate müssen somit wesentlich einfacher ausgesehen haben.

Hier könnten eventuell Modellversuche weiterführen. Es zeigte sich zum Beispiel, daß das Makromolekül Poly-L-Lysin bevorzugt an Adenin- und Thymin-reiche DNS-Regionen gebunden wird. Vielleicht haben derartige »primitive Wechselwirkungen« vor etwa 4 Milliarden Jahren die ersten Anstöße einer biologischen Evolution gegeben.

Um im Gedankenspiel der Anfänge einer Molekülsprache ein kleines Stück voranzukommen, sollten wir von zwei Überlegungen ausgehen:

1. Welche Strukturen haben die heute bekannten selbstvermehrungsfähigen Systeme gemeinsam?, und
2. wie sahen die physiko-chemischen Bedingungen am Anfang der organischen Entwicklung auf der Erdoberfläche aus?

Was die Bausteine und Strukturen der selbstvermehrungsfähigen Systeme wie Viruserreger und Zelle betrifft, so haben wir bereits festgestellt, daß hier keine grundsätzlichen Unterschiede vorhanden sind. Auch die Art der Wechselwirkungen zwischen den Molekülen ist prinzipiell gleicher Natur. Da eine derartige Übereinstimmung kein Zufall sein kann, müssen wir von einem gemeinsamen Ursprung ausgehen. Das ist eine erste, wichtige Einschränkung. Es hätte ja auch sein können, daß verschiedene Prinzipien zu selbstvermehrungsfähigen Gebilden geführt hätten. Zumindest auf diesem Planeten haben wir aber das einheitliche System der unterschiedlichen Reihenfolge von 4 Nukleotiden in einer Molekülkette als Grundlage des Lebens. Von der ungeheuer großen Zahl an Möglichkeiten der unterschiedlichen Bausteinreihenfolge finden wir in der Natur schließlich nur einen sehr geringen Teil verwirklicht. Das heißt, der größte Teil der möglichen Nukleinsäuren besitzt für das System «Leben» keinen verwertbaren Informationsgehalt. Das läßt sich mit chemisch, ungezielt synthetisierten Nukleinsäuren leicht nachweisen. Die chemische Substanz »Nukleinsäure« ist demnach – in wenigen Fällen – nur der Träger einer biologischen Nachricht. In dieser Hinsicht können wir die Nukleinsäuren in der Tat mit einer Sprache oder Schrift vergleichen. Papier und Druckerschwärze sind für den Informationsinhalt eines Buches bedeutungslos. Wir könnten die Wortzeichen ebensogut wie am Anfang der Schrift in Tontafeln einritzen. Das heutige Vorgehen ist nur für eine Informationsverbreitung praktischer. Der Vergleich mit Schrift und Sprache verdeutlicht aber noch eine weitere Seite der Informationsübertragung: sie kann nur in einem ihr entsprechenden System wirksam werden. Eine in einer uns unbekannten Schrift gedruckte Seite besitzt für uns keinen Informationswert. Wir müssen vielmehr die Bedeutung der symbolischen Schriftzeichen oder Laute kennen. Symbolische Werte erfordern die Kenntnis sowie Respektierung bestimmter Spielregeln. Hierauf beruht zum Beispiel auch das moderne Geldwesen. Der Hundertmarkschein ist »an sich« wertlos. Erst die Gesetze des übergeordneten Systems »Staat« geben dem Stück Papier seinen Informationswert. Werden die Spielregeln nicht beachtet, so kann das Gesamtsystem in Gefahr geraten; zum Beispiel beim Staat (theoretisch) durch Geldfälscher, bei der Zelle (praktisch) durch Viruserreger.

Betrachten wir nun die Frage nach den Anfangsbedingungen auf der Erde näher. Aus geologischen und astrophysikalischen Überlegungen und Untersuchungen folgt heute recht eindeutig, daß es während der Erdgeschichte einen langen Zeitraum mit den folgenden Bedingungen gegeben haben muß: Während der Jahrmilliarden langen Abkühlungsphase unseres Planeten wurde etwa vor 5 Milliarden Jahren eine Oberflächentemperatur erreicht, bei der sich der Wasserdampf verflüssigte, es entstanden die warmen Wasserwüsten der Urozeane. Daneben fanden sich größere Mengen an Methan und Ammoniak. Sauerstoff war dagegen noch nicht vorhanden. Auch heute finden wir auf der Oberfläche der noch ursprünglicheren Großplaneten Jupiter und Saturn ungeheure Mengen an flüssigem Wasserstoff, Methan und Ammoniak. Da die irdische Ur-Atmosphäre noch keinen Sauerstoff besaß, konnte auch die starke Ultraviolettstrahlung der Sonne ungehindert auf die Erdoberfläche scheinen. Dadurch wurden die ersten Moleküe in vielfältiger Weise angeregt und zu neuen Strukturen umgelagert. Hinzu kamen sicherlich starke elektrische Entladungen in der Uratmosphäre. Derartige Reaktionen können heute im Laboratorium künstlich nachvollzogen werden. Es entsteht hierbei bereits eine Fülle der verschiedensten organischen Moleküle einschließlich Nukleinsäure- und Proteinvorstufen. Bedenkt man, daß im Laboratorium nur wenige Monate, im Labor »Erdoberfläche« aber 1–2 Milliarden Jahre zur Verfügung standen, so ist die spontane Entstehung auch der kompliziertesten Moleküle denkbar. Die Anfänge lagen somit in einer riesigen sterilen und sauerstoff-freien Nährlösung. Wird in einer derartigen Umgebung die Neubildung eines Moleküls durch ein bereits vorhandenes autokatalytisch nur wenig begünstigt, so stellt das bereits einen bedeutenden Selektionsvorteil gegenüber anderen Molekülstrukturen dar. Eine derartige sogenannte positive Rückkoppelung in der Synthese ist für die Neubildung der entsprechenden Moleküle von ungeheurem Wert. Eine Konkurrenz durch lebende Zellen gab es ja zu diesem Zeitpunkt noch nicht. Vor dem Auftreten erster lebender Strukturen muß es eine lange Phase der Entwicklung spezieller Molekül- und Makromolekülstrukturen gegeben haben. Es war die Zeit der Evolution der Moleküle. Erst als die Makromoleküle um gleiche Bausteine konkurrierten, kam der Kampf dieser ersten Molekularsysteme auf den Plan. Ist der eine Informationsträger kleiner als der andere, so sprechen wir heute vom »Krankheitserreger«. Gerade bei diesem Gedankenbild zur Frühzeit sehen wir aber auch, daß der Begriff des Krankheitserregers relativ ist. Aus der Sicht des übergeordneten, »angegriffenen« Systems ist die andere Information (Nukleinsäure) Konkurrenz, also schädlich. Vom Standpunkt der optimalen Entwicklung zwischen den verschiedenen Möglichkeiten sind aber Wettbewerb, Informationsaustausch und Vergleich unumgänglich. Die biologische Gesamtentwicklung kann auf das Einzelschicksal keine Rücksicht nehmen.

Bemerkenswert ist im Zusammenhang mit den geschilderten Überlegungen, daß die Informationsträger Nukleinsäure sowie zum Teil auch die Proteine – im Gegensatz zu den Polysacchariden und Lipiden – ultraviolettes Licht stark absorbieren. Gerade sie konnten daher in der Urlösung besonders viel Energie aufnehmen und sich dabei verändern.

Das einzigartige Makromolekül »Nukleinsäure« hat

aber im Verlauf der phylogenetischen Entwicklung unter Zuhilfenahme verschiedener Enzyme auch die Fähigkeit erlangt, Informationen über einen materiellen Austausch oder Zugewinn von anderen Nukleinsäurestücken zu erhalten. Dieser Prozeß hat gegenüber der reinen Informationsverbreitung den großen Vorteil, daß er die Aufnahme neuer Informationen erlaubt. Das ist auch mit einer Zunahme der Nukleinsäuremenge verbunden, wie wir direkt an einem Vergleich zwischen Viruserreger, Bakterium und Säugetierzelle sehen können.

Wir können die obigen Informationsübertragungen mit der Sammlung von Konstruktionsplänen in einem Ringheft vergleichen. Normalerweise werden Kopien von den Originalblättern hergestellt und an weitere Fabrikationsstätten vergeben. Gelingt es, neue oder verbesserte Pläne zu erhalten, zum Beispiel über Lizenzverträge mit anderen Firmen, so werden diese verbesserten oder ergänzenden Angaben ebenfalls in die vorhandenen Ringbücher eingeheftet. Im Falle der reinen Informationsvervielfältigung für Tochterunternehmen hätten wir die Situation der normalen Nukleinsäure-Vermehrung vor uns. Die verhältnismäßig seltene Neuaufnahme von ergänzenden Unterlagen würde dem Nukleinsäure-Zugewinn entsprechen. Neue Nukleinsäure-Molekülstücke würden in eine bestehende Nukleinsäure-Informationskette eingefügt werden.

Schließlich sei eine andere Form der Informationsübertragung erwähnt, da diese offenbar für den Krankheitscharakter verschiedener Viren von großer Bedeutung ist. Es handelt sich hierbei um die erwähnte Lipoproteinhülle einiger Krankheitserreger. Wie wir gehört hatten, stammt ein Großteil dieser Hülle aus der Membran der befallenen Zellen. Das neugebildete Viruspartikel transportiert diese zell- und organspezifischen Strukturen anschließend in neue Körperregionen. Es handelt sich demnach nicht um eine Nukleinsäure-gebundene, genetische Informationsübertragung, sondern um einen indirekt durch die Virusnukleinsäure induzierten Substanztransport. Dieser Vorgang kann nun für den infizierten Organismus sehr schädliche Folgen zeigen. So vermehrt sich das für Affe und Mensch hochinfektiöse Masernvirion normalerweise im Nasen-Rachen-Raum, im Respirationstrakt sowie in der Haut und führt dort zu den charakteristischen Hautflecken. Durch die Aktivierung des körpereigenen Immunabwehrsystems kommt es in der Regel zu einem lebenslangen Schutz. In wenigen Fällen führt aber eine derartige Infektion zu einem langwierigen Befall des Zentralnervensystems. Etwa 40% zeigen nervliche Dauerschädigungen.

Es wird angenommen, daß für diese Art der Maserninfektion der obige Substanztransport im Virusteilchen zum Teil verantwortlich ist. Kommt es zu einer ersten schwachen Vermehrung einiger Masernviren im Zentralnervensystem, so nehmen diese Partikel bei der Viruszusammensetzung Teile von Nervenzellmembranen mit auf. Beim Auftreten derartiger Viria im Blutkreislauf werden nun diese Membranstrukturen an der Virusoberfläche vom Immunabwehrsystem des Körpers als fremd empfunden, da normalerweise Nervenzellstrukturen nicht in den großen Kreislauf gelangen. Auf diese Art und Weise bildet der Organismus Antikörper gegen eigene Zellstrukturen: Es ist eine gefährliche Autoimmunkrankheit entstanden. So können Viruserreger indirekt über eine Mobilisierung körpereigener Substanzen langdauernde Krankheitsformen induzieren. Dem Immunabwehrsystem des Körpers wird eigenes Gewebe als fremder Eindringling vorgetäuscht.

*Zusammenfassung:*
1. Nicht nur Tiere oder Menschen, sondern sogar Moleküle können sich im gewissen Sinne »erkennen«.
2. Dieses »Erkennen« ist sehr spezifisch, da durch unterschiedliche Reihenfolge der Bausteine im Kettenmolekül fast unbegrenzte Variationen möglich sind.
3. Die Wechselwirkungen zwischen den Molekülen wie Nukleinsäure oder Protein erfolgen über definierte räumliche Anordnungen.
4. Die spezifischen Wechselwirkungen zwischen den Nukleinsäuremolekülen dienen der biologischen Informationsübertragung sowie Vermehrung.
5. Eine derart gezielte Informationsübermittlung kann auch als erste »Sprachform« des Lebens aufgefaßt werden.
6. Die Viren wie auch alle Zellen – ob Bakterium, Pflanze, Tier

oder Mensch – besitzen dieselbe »Sprachform« zur Informationsübertragung.

7. Vor der Entwicklung lebender Systeme muß es – vor Milliarden Jahren – eine lange Periode der Makromolekül-Entwicklung gegeben haben.

8. Die Träger der biologischen Information, die Nukleinsäuren, vermögen zusätzliche Informationen durch Einbau anderer Nukleinsäurestücke zu gewinnen.


# 6. Virusvermehrung

Dringt ein Viruserreger in eine Zelle ein, so ist er nach einiger Zeit morphologisch nicht mehr nachweisbar, er hat sich im wahrsten Sinne des Wortes aufgelöst. Erst nach einer halben bis mehreren Stunden können in den befallenen Zellen plötzlich zahlreiche ganze Viruspartikel beobachtet werden. Wie ist es nun zu dieser Vermehrung gekommen? Ein Wachstum mit anschließender Teilung wie bei den lebenden Zellen wird nicht beobachtet und ist nach der Struktur der Viren auch nicht zu erwarten. Nähere Untersuchungen zeigten bald, daß bei den Viruserregern die Bausteine einzeln vervielfältigt und anschließend zusammengesetzt werden. Die Analogie zu einem industriellen Montageband liegt damit auf der Hand. Ähnlich wie bei einer Autoproduktion ist es für den Viruserreger entscheidend, daß zum richtigen Zeitpunkt ausreichende Stückzahlen an Bauteilen zur Verfügung stehen. Nur so ist eine zügige »Endmontage« möglich. Da alle Viruserreger aus Nukleinsäure und Protein bestehen, ist es die Hauptaufgabe, diese beiden Bausteine in der Zelle in genügender Menge herzustellen. Die zum Teil zusätzlichen Zucker und lipidhaltigen Hüllen werden anschließend einfach vom vorhandenen Zellmaterial verwendet.

Eine Hauptaufgabe des Viruserregers besteht darin, seine Konstruktionspläne, die Nukleinsäure, innerhalb der befallenen Zelle rasch zu vermehren. Dieses Kopieren erfolgt über die bereits geschilderte Nukleinsäurebausteinerkennung.

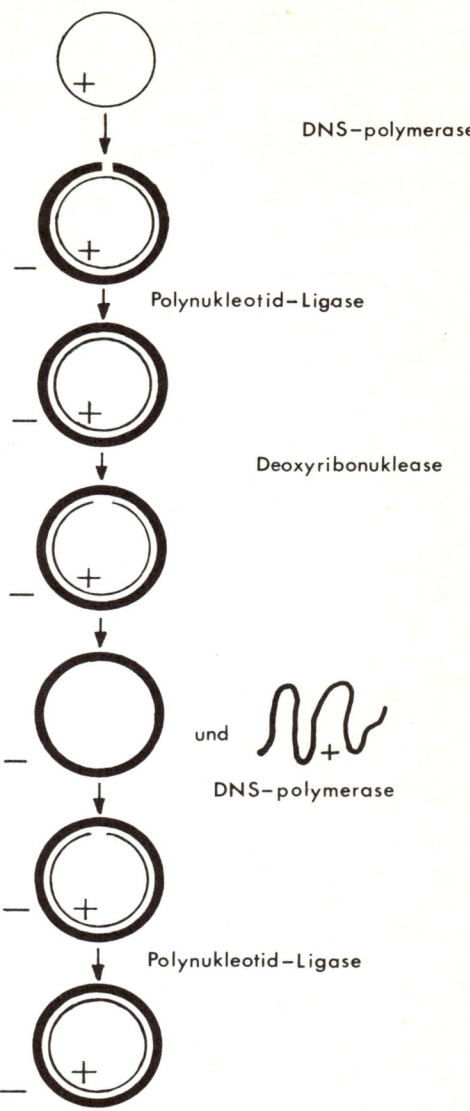

In der folgenden Abbildung ist die Vermehrung eines ringförmigen Desoxyribonukleinsäure-Moleküls mit Hilfe der entsprechenden Enzyme schematisch dargestellt. Dieser Vorgang ist heute sogar im Reagenzglas unter Zusatz der Nukleinsäurebausteine und bestimmter Zellproteine möglich. Der im natürlichen Viruspartikel enthaltene infektiöse Nukleinsäurestrang wird als » + « bezeichnet. An diesem »Matrizenmolekül« wird mit Hilfe des Enzyms Desoxyribonukleinsäure-Polymerase zunächst ein Negativ (» − «) angefertigt. Nachdem der komplementäre » − « Strang gebildet wurde, erfolgt in diesem Fall – ein Bakterienvirus – noch ein Ringschluß mit der Hilfe eines zweiten Enzyms. Bei der Herstellung des neuen » − «-Nukleinsäuremoleküls wurden dem Enzym allerdings nicht genau die gleichen Bausteine, sondern ein bromhaltiges Nukleotid angeboten. Dadurch unterscheidet sich die neue Nukleinsäure in ihrer Dichte, sie kann durch physikalische Methoden vom vorgegebenen » + «-Molekül abgetrennt werden. Ein derartiges »Brom-U« verhält sich bei der Nukleinsäurevermehrung wie das natürliche Thymin. Durch diese Maßnahme ist sichergestellt, daß nicht beim späteren Infektiositätstest geringe Mengen der ursprünglichen, infektiösen Nukleinsäure vorhanden sind, die womöglich eine Neusynthese biologisch wirksamer Moleküle vortäuschen. An der so gereinigten » − «-Nukleinsäure wird nunmehr mit richtigen Bausteinen wieder ein » + «-Molekül gebildet.

Tatsächlich sind diese vollsynthetischen » + «-Nukleinsäuren voll infektiös. Die Negative (» − «-Moleküle) dienen hierbei als Druckstöcke für neue infektiöse Virusnukleinsäuren.

Das für die Zusammenknüpfung der so geordneten neuen Nukleinsäurebausteine notwendige Enzym wird entweder neu in der befallenen Zelle synthetisiert oder aber als Ganzes von den Viruserregern bereits mitgebracht. Im letzten Fall ist dann nicht die Virusnukleinsäure allein infektiös, sondern das gesamte Viruspartikel. Hierzu gehören zum Beispiel die Pocken-, Masern- und einige Krebsviren. In jedem Fall handelt es sich aber bei diesen Enzymen, ob »Reisegepäck« oder Neubildung, um virusspezifische Proteine. Damit wäre ein erster greifbarer

Unterschied zwischen Erreger und befallener Zelle vorhanden. Allerdings konnten diese Unterschiede zwischen viralen und zellulären Nukleinsäuresynthese-Enzymen bis heute noch nicht voll therapeutisch genutzt werden. Erste Ansatzpunkte zeichnen sich aber bereits ab. Nachdem die in einer »4-Buchstaben-Sprache« niedergelegten Konstruktionspläne der Nukleinsäure auf diese Weise zunächst einmal verhundertfacht wurden, können hiernach Werkzeuge und Maschinenteile, d. h. spezielle Proteine, hergestellt werden.

Bei den Ribonukleinsäure-haltigen Viruserregern ist eine derartige Informationsübertragung in die Protein-Werkzeuge häufig direkt möglich. Bei den Desoxyribonukleinsäure-haltigen Viria muß jedoch zunächst eine »Boten«-Ribonukleinsäure von der DNS abgelesen werden. Da hierbei die Information von einer Nukleinsäureart auf eine andere umschrieben wird, nennt man diesen Prozeß auch »Transcription«. Die Ribonukleinsäure-Teilstücke sind in der Regel wesentlich kleiner als die vorliegende Desoxyribonukleinsäure. Es handelt sich gewissermaßen um kürzere Arbeitskopien der umfangreichen Originalkonstruktionspläne (DNS). Diese Boten-RNS-Stücke können direkt von den Proteinsynthesemaschinen, den Ribosomen, gelesen werden. Es handelt sich um die gleichen Maschinen, die für die Proteinsynthese der Zelle verantwortlich sind. Was den Erreger für die befallene Zelle demnach gefährlich macht, ist die rasche Vervielfältigung der eigenen Nukleinsäureanweisungen mittels spezieller Druckmaschinen, Nukleinsäuresynthese-Enzymen. Diese viralen Boten-RNS-Stücke überschwemmen sodann die Proteinsynthesemaschinen der Zelle. Dadurch kommt es zu einer bevorzugten Synthese von Virusproteinen und einer Vernachlässigung der Bildung zellnotwendiger Eiweißstrukturen.

Da nur Ribonukleinsäure von den Proteinsynthesemaschinen der Zelle gelesen werden kann, könnte mit Vorbehalt der Schluß gezogen werden, daß die Ribonukleinsäuren entwicklungsgeschichtlich älter als die Desoxyribonukleinsäuren sind. Interessant ist in diesem Zusammenhang, daß die einfachen Pflanzenviren fast ausschließlich Ribonukleinsäuren enthalten, die direkt in Protein übersetzt werden können. Aus derartigen

Erregern kann in der Regel infektiöse Nukleinsäure isoliert werden.

Das System der Boten-Ribonukleinsäure bringt den großen Vorteil mit sich, daß nicht die gesamte vorhandene Nukleinsäure-Information auf einmal in Protein umgesetzt werden muß, sondern daß zeitlich hintereinander bestimmte Bereiche abgerufen werden können. Durch diese Funktionsteilung kann das selbstvermehrungsfähige System den wichtigen Zeitfaktor ausnutzen. Ein sinnvolles Wachstum ist in der Regel nur durch ein geordnetes Nacheinander der verschiedenen Synthesestufen möglich. Dementsprechend haben die Boten-RNS-Moleküle auch in der Zelle nur eine relativ kurze Lebensdauer. Sie werden durch besondere Enzyme laufend abgebaut. Aber auch hier verstand es die virale Nukleinsäure, ihre Botschaft besser zu erhalten, d. h. die virale RNS ist gegenüber den abbauenden Enzymen besser geschützt als die zelleigene Boten-RNS.

Auch die Virusproteinsynthese erfolgt in Analogie zum normalen Zellstoffwechsel. Jeweils 3 Nukleotid-Bausteine in der Boten-RNS bestimmen eine Aminosäure in der Proteinkette:

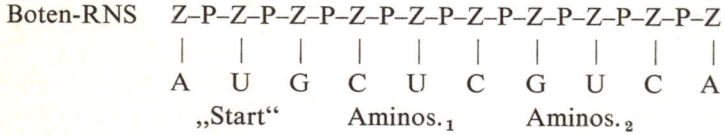

Boten-RNS    Z–P–Z–P–Z–P–Z–P–Z–P–Z–P–Z–P–Z–P–Z–P–Z

            A   U   G   C   U   C   G   U   C   A
            „Start"        Aminos.$_1$        Aminos.$_2$

Das Ribosom wandert auf der Boten-RNS von links nach rechts und fügt dabei entsprechend den jeweiligen 3 Nukleotiden eine Aminosäure nach der anderen an die wachsende Proteinkette.

Das Trinukleotid ist bei etwa 20 verschiedenen, in natürlichen Proteinen vorkommenden Aminosäuren die kleinstmögliche Informationseinheit. Bei 4 verschiedenen Nukleotidbausteinen würde eine 2er-Anordnung erst $4^2 = 16$ Kombinationsmöglichkeiten ergeben:

AA; AC; AG; AU
CA; CC; CG; CU
GA; GC; GG; GU
UA; UC; UG; UU

66

Es muß daher 3er-Einheiten geben, um 20 verschiedene Aminosäuren eindeutig zu bestimmen. Mit $4^3 = 64$ Möglichkeiten sind nun aber mehr als die 20 Zuordnungen gegeben. Die Natur hat diese Möglichkeiten ausgenutzt, indem für die gleiche Aminosäure zum Teil mehrere Trinukleotide zugeordnet wurden. In der Tabelle sind die entsprechenden Trinukleotide für die bekannten Aminosäuren zusammengestellt. Diese Zuordnung wird als »genetischer Code« bezeichnet. Die Nukleotidreihenfolge AUG in der Nukleinsäurekette bezeichnet dabei für die Proteinsynthesemaschine den Startpunkt. Das Ende der Anweisungen wird durch die Nukleotidsequenzen UAA, UAG oder UGA bezeichnet. Jedem anderen Triplet entspricht eine bestimmte Aminosäure. Die Reihenfolge der Aminosäurebausteine innerhalb einer Proteinkette wird demnach vollkommen durch die Nukleotidreihenfolge innerhalb der zugehörigen Boten-Nukleinsäure definiert. Dividieren wir also die Zahl der Nukleotide einer gegebenen Boten-Nukleinsäure durch drei, so erhalten wir die maximale Zahl an codierten Aminosäuren – abzüglich der Triplets für »Start« und »Ende«.

*Tabelle:* Zuordnung von Dreier-Nukleotiden der Boten-Ribonukleinsäure zu den entsprechenden Aminosäuren bei der Proteinsynthese (Genetischer Code)
(A, C, G und U stellen wiederum die Symbole für die Nukleinsäurebasen, die drei Buchstaben links Abkürzungen für die Aminosäuren dar.)

| Aminosäure bzw. »Befehl« | Dreier-Nukleotid* |
|---|---|
| »Start«(Met) | AUG |
| Trp | UGG |
| Cys | UGU,UGC |
| Tyr | UAU,UAC |

* In der Kurzschreibweise werden die Symbole für den Zucker- und Phosphorsäure-Anteil der Einfachheit halber fortgelassen.

| Phe | UUU,UUC |
| His | CAU,CAC |
| Gln | CAA,CAG |
| Asn | AAU,AAC |
| Lys | AAA,AAG |
| Asp | GAU,GAC |
| Glu | GAA,GAC |
| Ile | AUU,AUG,AUA |
| Val | GUU,GUC,GUA,GUG |
| Pro | CCU,CCC,CCA,CCG |
| Thr | ACU,ACC,ACA,ACG |
| Ala | GCU,GCC,GCA,GCG |
| Gly | GGU,GGC,GGA,GGC |
| Arg | AGA,AGG,CGU,CGC,CGA,CGG |
| Leu | UUA,UUG,CUU,CUC,CUA,CUG |
| Ser | AGU,AGC,UCU,UCC,UCA,UCG |
| »Ende« | UAA,UAG,UGA |

Wie dargelegt, bestimmen zum Teil unterschiedliche Dreier-Nukleotide dieselbe Aminosäure. Dabei fällt auf, daß der letzte Baustein (»rechts«) offenbar für die Spezifität nicht so entscheidend ist. So können für die Aminosäuren Val, Pro, Thr, Ala, Gly, Arg, Leu und Ser alle vier verschiedenen Nukleotide jeweils in der Position 3 stehen, ohne daß die Spezifität als Signal für die Wahl der entsprechenden Aminosäure verlorenginge. Man hat sich deshalb überlegt, ob am Anfang der biologischen Entwicklung nicht eine Zweier-Nukleotid-Codierung gestanden hat. Diese hätte mit den vier verschiedenen Bausteinen immerhin $4^2 = 16$ verschiedene Aminosäuren verschlüsseln können. Das dritte Nukleotid wäre dann erst später in der Entwicklung hinzugekommen. Die Universalsprache des Lebens hätte danach doch eine gewisse Entwicklung erfahren; einen Beweis dafür gibt es aber heute nicht mehr.

Am Beispiel des Bakterienvirus $Q_\beta$ soll eine Zellinfektion auf molekularer Ebene verfolgt werden: Der aus etwa 4500 Nukleotiden bestehende RNS-Faden lagert sich mit seiner jeweiligen Erkennungsregion an ein Zellribosom an. Über diesen RNS-Bereich weiß man heute schon recht gut Bescheid. Läßt man auf einen RNS/Ribosomenkomplex RNS-spaltende En-

zyme einwirken, so bleibt allein das durch die Proteinsynthesemaschine geschützte RNS-Stück übrig. Dieses kann anschließend nach vorsichtiger Abtrennung charakterisiert werden.

Derartige Ribosomenhaftstellen sind stets den aktiven Start-
nukleotiden AUG vorgeschaltet. Die RNS-Moleküle können
daher auch nicht einfach mit AUG beginnen. Vielmehr müssen
nicht in Protein übersetzte Nukleotide bei der Anheftung vor-
angehen. Beim $Q_\beta$-Bakteriophagen sind es 61. Beendet wird
die Ribosomenwanderung und Proteinsynthese durch die erwähnten End-Triplets. Die Virus-RNS stellt sich auf diese Weise frühzeitig Proteinmoleküle aus ca. 600 Aminosäuren her.
Dieses Protein kommt allerdings in den intakten Viruspartikeln
gar nicht vor. Das ist aber zunächst auch nicht erforderlich. Bis
jetzt liegt ja immer noch nur das eine einsame Virus-RNS-
Molekül in der riesigen Zelle vor. Das nach eigenen Plänen mit
Hilfe der Zellmaschinen hergestellte Virusprotein besitzt aber
für das Virion höchst interessante Eigenschaften. Es kann sich
nämlich anstelle eines Zellproteins mit weiteren Zellproteinen
zu einem virusspezifischen RNS-Syntheseenzym zusammenlagern. Dieses Enzym (RNS-Polymerase) ist nicht nur sehr flei-
ßig, sondern synthetisiert auch nur Virus-RNS. Damit hat das
»Invasionsmolekül« aber einen entscheidenden Vorteil auf seiner Seite. Mit der relativ geringen Informationsmenge von ca.
600 (Aminosäuren) × 3 (Triplet) = 1800 Nukleotiden kann
sich das Virus-RNS-Molekül in kurzer Zeit verhundertfachen.

Mit Hilfe der zelleigenen Proteinsynthesemaschinen werden
jeweils 131 Aminosäuren in bestimmter Reihenfolge zum
Hüllprotein zusammengefügt. Der Kopierautomat RNS-Poly-
merase wird dabei zunächst in seiner Leistung bevorzugt. Die-
ser wichtige Vorsprung der Virus-RNS-Synthese wird dann im
Laufe der Infektion recht geschickt aufgehoben. Das obige
Virushüllprotein besitzt nämlich die Eigenschaft, sich an steu-
ernde Nukleotidreihen zu binden. Es wirkt gegenüber der Ko-
piermaschinenherstellung als »Bremser«. Dadurch wird die
RNS-Synthese stark gedrosselt und die Herstellung von Virus-
Hüllprotein wesentlich gesteigert. Das ist auch gegen Ende der
Virusinfektion dringend notwendig, kommen doch im fertigen
Viruspartikel auf 1 RNS-Molekül 180 Hüllproteine. Daneben

findet sich noch ein für den Zusammenbau wichtiges Proteinmolekül mit etwa 400 Aminosäuren.

Eine Überschlagsrechnung ergibt für das Hilfsprotein bei etwa 400 Aminosäuren ein Genstück von $400 \times 3 = 1200$ Nukleotiden, für das Hüllprotein mit 131 Aminosäuren $131 \times 3 = 393$ und für die Replikase-Untereinheit mit ca. 600 Aminosäuren $600 \times 3 = 1800$ Nukleotide. Die drei Gene machen somit zusammen etwa 3400 Nukleotide aus. Da noch nichtgelesene Proteinhaftbereiche auf der RNS vorhanden sind, stimmt dieser Wert mit den gefundenen ca. 4500 $Q_\beta$-RNS-Nukleotiden gut überein.

Zur Beurteilung einer viralen Invasion ist auch die Kenntnis der Synthesegeschwindigkeit der Virusbestandteile innerhalb der Zelle von Bedeutung. Durchschnittlich wandert ein Nukleinsäuresynthese-Enzym mit einer Geschwindigkeit von etwa 35 Nukleotidbausteinen pro Sekunde an der vorhandenen Nukleinsäurekette entlang. Dabei werden parallel zur vorhandenen Kette 35 neue Nukleotidbindungen in der Sekunde geknüpft. Für die Synthese einer neuen Virusnukleinsäure mit zum Beispiel 4500 Nukleotidbausteinen benötigt das Enzym somit etwa 2 Minuten. Nach 20 Minuten stehen $2^{10} = 1024$ neue Virusnukleinsäuremoleküle für eine »Verpackung« zur weiteren Reise zur Verfügung. Doch zunächst muß das Viruspackmaterial vorhanden sein. Normale Zellbestandteile können nur sehr bedingt verwandt werden, so zum Beispiel bei den komplizierteren Viruserregern Zellmembranstücke. In jedem Falle müssen aber die virusspezifischen Hüllproteine synthetisiert werden. Die Anweisung hierzu liegt ebenfalls auf der viralen Ribonukleinsäurekette vor. Für die Herstellung eines normalen Virushüllproteins mit – wie im gewählten Beispiel – 131 Aminosäuren benötigt die Proteinsynthesemaschine der Zelle etwa 6 Sekunden. Das Virus enthält in seiner Hülle 180 Proteinmoleküle. Da eine Zelle zum Teil über 100 neue Viruspartikel bilden kann, würde für die Synthese der Proteinhüllen eine Zeit von $180 \times 6 \times 100$ (sec) $= 30$ Stunden notwendig sein. Durch die frühzeitige Bildung zahlreicher Virusnukleinsäuremoleküle ist aber eine parallele Virusproteinbildung möglich. Dadurch wird die Zeit wesentlich verkürzt. Schließlich ergibt die Betrachtung dieses Beispiels auch einen Hinweis darauf, warum es für die Virussynthese so günstig ist, *gleichartige* Proteinbausteine in der Hülle zu verwenden. Würde es sich zum Beispiel bei dem erwähnten Erreger um 180 *verschiedene* Proteine handeln, so würden hierfür $180 \times 131 \times 3 = 70\,740$ Nukleotide notwendig sein. So groß ist aber die gesamte Virusnukleinsäure nicht.

Nachdem genügend Virus-RNS und Virus-Proteine synthetisiert worden sind und damit die intrazelluläre Konzentration hoch genug ist, kommt es zu spontanen Zusammenlagerungen in Form von neuen $Q_\beta$-Viren. Die Zelle ist inzwischen so geschwächt, daß sie zerfällt, lysiert. Hunderte von neuen $Q_\beta$-Phagen »schwärmen aus zu neuen Taten«.

Nachdem es gelungen war, durch vorsichtiges Zerlegen der Viruserreger ihre Bausteine aufzuklären und sie wieder zu intakten Partikeln zusammenzusetzen, war der nächste Schritt die Synthese von Viruserregern im Reagenzglas. Sie führt zu weiteren wichtigen Erkenntnissen über die Vermehrungsweise dieser Erreger und ihre Bekämpfung. Darüberhinaus sind derartige Untersuchungen von fundamentaler Bedeutung für Fragen nach der Entstehung und Funktionsweise des Lebens.

Mit der Hilfe isolierter Nukleinsäuresyntheseproteine gelang es schon bald, an vorhandenen Virusnukleinsäuren neue Nukleinsäurefäden zu synthetisieren. Wurden an diesen Negativen erneut Nukleinsäurestränge kopiert, so erhielt man in der Tat infektiöse Virusnukleinsäuren. Von der Entstehung des Lebens im Reagenzglas sind wir damit aber weit entfernt. Zum einen waren ja bereits spezielle Enzyme notwendig, zum anderen mußte eine intakte Nukleinsäure mit biologischer Information als Druckstock bereits vorliegen. Schließlich kann sich die neue Virusnukleinsäure wiederum nur in lebenden Zellen weitervermehren. Dennoch handelt es sich bei den obigen Arbeiten um sehr bedeutsame Schritte auf dem Wege zum Verständnis der Zellvorgänge. Es wird »nur« eine Frage der Zeit sein, bis die verschiedenartigsten biologisch aktiven Nukleinsäuren entweder über vorgegebene Nukleinsäurematrizen oder gar rein chemisch nach bekannten Nukleotidreihenfolgen im Reagenzglas synthetisiert werden können. Auch die Bildung von

Ribonukleinsäurestücken an Desoxyribonukleinsäuremolekülen sowie die anschließende Proteinsynthese kann heutzutage im Reagenzglas künstlich durchgeführt werden. Es handelt sich hierbei um echte zellfreie Synthesen, allerdings mit der Hilfe von zellulären Bausteinen. Da die Zusammenlagerung von Nukleinsäure und Hüllprotein bei zahlreichen Viruserregern bereits gelungen ist, besteht somit eine durchgehende Synthesekette im zellfreien System von den Bausteinen bis hin zum Viruspartikel.

Künstliche, in der Natur nicht vorhandene Viruserreger können schließlich dadurch hergestellt werden, daß die Nukleinsäure des einen Virustyps – wie bereits erwähnt – mit dem Hüllprotein eines anderen »verpackt« wird. Hier eröffnet sich ein neuartiges, interessantes, aber auch gefährliches Forschungsgebiet.

Zusammenfassend können wir feststellen, daß bei der Virusvermehrung erstmals virusspezifische Vorgänge festgestellt werden konnten. Zwar verläuft die Virusneubildung in Analogie zu den Vorgängen innerhalb der lebenden Zelle, trotzdem finden wir aber innerhalb der Nukleinsäuresynthese-Enzyme Unterschiede. Die Bildung der Virusnukleinsäuren erfolgt mit der Hilfe virusspezifischer Enzyme. Es bietet sich nun die Chance, diese virusspezifischen Enzyme spezifisch zu hemmen, ohne die Wirtszelle zu schädigen. Erste Ansätze sind vorhanden. Da die genannten Unterschiede recht gering sind, ist aber ein Durchbruch in Richtung einer breiten therapeutischen Anwendung noch nicht in Sicht.

Die Zusammenlagerung von Virusnukleinsäure und Virushüllprotein zu helikalen oder ikosaedrischen Strukturen ist ebenfalls ein für die Viruserreger typischer Vorgang. Eventuell könnten auch hier künstliche Hemmprozesse ansetzen.

*Zusammenfassung:*

1. Die viralen Krankheitserreger vermehren sich nicht durch Wachstum und Teilung, es handelt sich nicht um Zellen.

2. Viren werden vielmehr, in gewisser Analogie zum Montageband einer Autoproduktion, durch Vervielfältigung der Einzelteile und anschließender »Endmontage« innerhalb von Wirtszellen vermehrt.

3. Die Vervielfältigung der viralen Nukleinsäuren und Proteine wird von der eingedrungenen Virusnukleinsäure gesteuert.
4. Die Bildung neuer Viruspartikel kann heute im Reagenzglas mit Hilfe zellulärer Bestandteile und vorgegebener Virusnukleinsäure künstlich durchgeführt werden.
5. Jeweils drei Nukleotide auf dem Nukleinsäurefaden bestimmen eine definierte Aminosäure bei der Proteinsynthese. Diese »Verschlüsselung« (Code) ist für den gesamten biologischen Bereich gleichartig.
6. Virale Erreger bedienen sich in der infizierten Zelle virusspezifischer Enzyme zur Nukleinsäuresynthese. Hier liegt eine erste Chance zur selektiven Hemmung der Virusvermehrung, ohne die Wirtszelle zu schädigen.

# 7. Infektionskrankheiten: Angriff und Verteidigung

Von einer Infektionskrankheit sprechen wir, wenn ein selbstvermehrungsfähiges System, wie zum Beispiel ein Viruserreger oder ein Bakterium, auf einen lebenden Organismus trifft. Dabei kommt es nach dem Eindringen der Erreger in den Organismus in der Regel zu einer Vermehrung und zur Ausbildung typischer Krankheitssymptome. Im Gegensatz zur rein toxischen Wirkung eines Giftes auf lebende Strukturen handelt es sich hier um den Wettkampf biologischer Systeme. Dabei ist der Ausgang unter natürlichen Bedingungen offen. Die Relativität des Begriffes »Krankheitserreger« soll am folgenden Beispiel erläutert werden: Trifft eine kleine Bakterienzelle auf einen größeren Einzeller, so kann es sein, daß beide Zellen friedlich nebeneinander existieren. Sie sind sich gewissermaßen gleichgültig. Wird dagegen die kleinere Bakterienzelle von dem großen Einzeller aufgenommen, so kann es zu einer Vermehrung des Bakteriums innerhalb der Zelle kommen. Wir würden in diesem Falle von einem bakteriellen Erreger für die besagte Zelle sprechen. Diese würde mit großer Wahrscheinlichkeit durch die Bakterieninvasion zugrunde gehen. Es besteht aber auch die Möglichkeit, daß das Bakterium durch den Einzeller aufgelöst und als Nahrungsquelle verwertet wird. Kommt es schließlich nach der Aufnahme des Bakteriums durch den Einzeller zu einem friedlichen Nebeneinander oder gar für beide Systeme nützlichen Miteinander, so sprechen wir von einer Symbiose der Systeme. Mit großer Wahrscheinlichkeit sind auf diese Art und Weise die grünen Blattkörner innerhalb der Pflanzenzelle vor langer Zeit entstanden. Hierbei wurden kleinere blaugrüne Algenzellen von größeren amöboiden Einzellern aufgenommen. Eine andere Art des nützlichen Zusammenlebens stellen die im Darmtrakt von Tier und Mensch lebenden zahlreichen Bakterien dar. Ohne diese normale Bakterienflora käme es bei den K-Vitaminen, welche für die Gerinnungsvorgänge im Blut wichtig sind, zu ernsthaften Mangelerscheinungen.

Die Krankheitserreger werden, wie besprochen, in zwei Hauptgruppen eingeteilt:

Die zellulären und die nicht-zellulären, viralen Erreger. Zu den zellulären Krankheitserregern zählen in erster Linie verschiedene Bakterien. Hierzu seien einige besonders wichtige Krankheitsformen aufgeführt. In Klammern sind das Jahr der ersten wissenschaftlichen Beschreibung sowie der Autor genannt:

Cholera (KOCH, 1883), Typhus (EBERTH, 1880), Paratyphus (SCHOTTMÜLLER, 1900), Pest (YERSIN, KITASATO 1894), Diphtherie (KLEBS, LÖFFLER 1884), Tetanus (NICOLAIER, 1884), Lepra (HANSEN, 1874), Tuberkulose (KOCH, 1882). Diese Krankheitserreger vermehren sich durch Zellteilung innerhalb des befallenen Organismus. Die »Angriffspläne« liegen dabei in der hochmolekularen Desoxyribonukleinsäure der Bakterienzelle.

Wir wollen uns hier den einfacher aufgebauten Viruskrankheitserregern näher zuwenden.

## 7.1. Virale Krankheitserreger der Pflanze

Die meisten Pflanzen-Viruskrankheiten werden durch kleine, ribonukleinsäurehaltige Viren hervorgerufen. Charakteristisch für die Pflanzenviren ist ebenfalls ihr einfacher Aufbau. In der Regel enthält der Viruserreger nur ein einziges Ribonukleinsäuremakromolekül und eine Hüllproteinsorte. Diese Tatsache

74

und die gute Gewinnbarkeit waren die Ursache für die frühzeitige Erforschung gerade der pflanzlichen Viruserkrankungen. So können zum Beispiel aus einem Liter Preßsaft von mit Tabakmosaikvirus infizierten Tabakpflanzen durch mehrere Reinigungsschritte schließlich 2 g Tabakmosaikvirus isoliert werden. Die Reinheit der Viruspräparation ist dabei so groß, daß es zu kristallinen Ausfällungen des Virus kommen kann (s. auch Kap. 1). Es ist daher kein Wunder, daß die Virusforschung mit dem Tabakmosaikvirus begann und daß dieses Virion heute zu den bestuntersuchten gehört.

Die Pflanzenviren besitzen aber nicht nur wissenschaftliches Interesse, sondern haben auch erhebliche wirtschaftliche Bedeutung.

Viruskrankheiten der Kartoffel und Zuckerrübe ergeben zum Beispiel geschätzte Ernteeinbußen allein in Deutschland von 10–20%. Die Zuckerrohrmosaikkrankheit reduzierte im US-Staat Louisiana die Jahreserzeugung von 400 000 Tonnen auf 50 000 Tonnen. Erst durch eine virusresistentere Neuzüchtung konnte dieser Einbruch überwunden werden. Die virusbedingte Sproßschwellenkrankheit führte 1945 in den Kakaoplantagen von Ghana zu einer Produktionsverminderung von 50%. Die jährlichen Gesamtverluste dürften sich weltweit auf mehrere Milliarden Dollar belaufen.

Übertragen werden die Pflanzenviren meistens mechanisch, zum Beispiel durch Blattberührung. Zum Teil sind aber auch saugende Insekten wie Blattläuse für die Infektionsübertragung verantwortlich. Typische Symptome eines Pflanzenbefalls durch Viren sind Blattflecken in Form von Chlorosen oder Nekrosen. In ersterem Falle handelt es sich um die Zerstörung des grünen Blattfarbstoffs, im zweiten Fall um ganze Zellzerstörungen. Aufgrund des gefleckten Erscheinungsbildes wurde daher frühzeitig der Name »Mosaikkrankheit« geprägt. Virusbedingte Wachstumsstörungen führen zur Kräuselkrankheit, Fadenblättrigkeit, Sproßanschwellung oder zu krebsartigen Wucherungen. Grundsätzlich können alle Pflanzenteile befallen werden. Häufig kann eine Virusart verschiedene Pflanzenarten befallen. Eine Wirtsgemeinsamkeit Pflanze/Tier-Mensch konnte dagegen bisher in keinem Fall beobachtet werden. Dafür sind beide Wirtssysteme wohl doch zu unterschiedlich.

## 7.2. Tier- und humanpathogene Viruserreger

Zu Beginn des Übergangs von den Pflanzenviren zu den Tier- und Humanviren soll ein kleiner Vergleich zwischen dem Pflanzenvirus Turnip Yellow Mosaic Virus (TYMV) und dem humanpathogenen Virus der Kinderlähmung stehen. Beide Viruspartikel besitzen einen Durchmesser von 28 nm und enthalten ein einziges Ribonukleinsäuremakromolekül mit dem Molekulargewicht von 2 Millionen. Ferner beträgt die Zahl der Hüllproteine in beiden Fällen 180. Die morphologische wie chemische Ähnlichkeit ist somit recht deutlich. Trotzdem führt das eine Viruspartikel zu gelben Flecken auf den Blättern der weißen Rübe, das andere aber zur bekannten und gefürchteten Kinderlähmung oder gar zum Tode des infizierten Menschen. Aus beiden Viruspartikeln kann aus den gleichen 4 Nukleotidbausteinen aufgebaute, infektiöse Ribonukleinsäure isoliert werden: ein weiterer Hinweis dafür, daß die Reihenfolge der Bausteine, die genetische Information, entscheidend ist. Beide Ribonukleinsäureketten der obigen Krankheitserreger enthalten mit 2 Millionen Molekulargewicht etwa 6000 Nukleotidbausteine. Die Informationsmenge ist somit bei dem obigen Pflanzenvirus wie dem Erreger der Kinderlähmung gleich. Zur quantitativen Erfassung des Informationsgehaltes zählt man aus Zweckmäßigkeitsgründen die Menge der einfachsten Entscheidungsschritte, d. h. »ja«- oder »nein«-Antworten. Dieses System wird daher auch »binäres« System genannt.

Zählt man bei einer vorgegebenen Zahl Z an Möglichkeiten die »ja/nein«-Schritte n, so stellt n den Informationsgehalt dar. In einer Ableitung vom englischen »*bin*ary digi*t*« hat man der so definierten Informationsmenge die Einheit »bit« gegeben. Hierbei ist $2^n = Z$ oder allgemein

$$\text{Informationsmenge I (bit)} = \log_2 Z$$

Daß der Informationsgehalt einer Aussage mit der Zahl der Gesamtmöglichkeiten steigt, sei an einem kleinen Beispiel erläutert: Die Auskunft, Herr X wohne in Zimmer 15, ist in einem Hotel mit 256 Zimmern natürlich wertvoller als in einem

Gasthof mit nur 16 Zimmern. Quantitativ, in bit ausgedrückt, ist der Informationsgehalt der Auskunft im Hotel doppelt so groß wie auf den Gasthof bezogen ($256 = 2^8$; $16 = 2^4$).

Wie sieht es nun bei der Tri-Nukleotid-Einheit der Nukleinsäure aus? Die Zahl der Möglichkeiten Z beträgt bei 4 Nukleotidarten in einer Dreieranordnung, wie in Kap. 6 dargelegt, $4^3$ = 64. Ein bestimmtes Tri-Nukleotid besitzt somit im binären System die Informationsmenge 6 bit ($2^6 = 64$).

Insgesamt gesehen ist die Mehrzahl der Tier- und humanpathogenen Viruserreger komplexer als das Virus der Kinderlähmung oder als die meisten Pflanzenviren. Viele enthalten zusätzliche Lipidhüllen, viele besitzen als Informationsträger doppelstrangige Desoxyribonukleinsäure.

Der eigentlichen Virusinfektion, Verbreitung und Vermehrung im Organismus, geht die Virusübertragung voraus. Hierbei können die folgenden Übertragungswege unterschieden werden: bei den Viruserregern der Grippe, Masern, Pocken oder Windpocken findet eine direkte Übertragung der Viruspartikel durch Tröpfcheninfektion oder Staub statt. Die Windpocken verdanken diesem Übertragungsweg ihren Namen. Diese Viruserkrankungen sind naturgemäß besonders infektiös.

Die Erreger der Kinderlähmung oder infektiösen Hepatitis werden dagegen in erster Linie über den Verdauungstrakt aufgenommen.

Der Viruserreger der gefährlichen Tollwuterkrankung wird fast ausschließlich über eine Bißinfektion verbreitet. Hier sind insbesondere tollwütige Füchse oder Hunde als Zwischenträger zu nennen. Schließlich gibt es eine Fülle an Viruserkrankungen, die durch stechende oder saugende Insekten wie Mükken und Zecken übertragen werden.

Oft stammen die für den Menschen pathogenen Viren aus Tierbeständen, in denen die Viruserreger keine krankmachenden Eigenschaften besitzen. Wir sprechen in diesem Falle von einem Reservoir. So stellen häufig die als Überträger wirkenden Insekten gleichzeitig Reservoire für die Viruskrankheit dar. Aber auch höhere Tiere, wie zum Beispiel Affen, können für den Menschen gefährliche Virusreservoire bilden. Ein Beispiel hierfür ist das Marburg-Virus: Im Herbst des Jahres 1967 trat plötzlich bei Pflege- und Forschungspersonal, das neu importierte grüne Meerkatzen betreute, eine völlig unbekannte Seuche auf (15). Bei den äußerlich ganz gesunden Tieren handelte es sich um die Affenart Cercopithecus aethiops aus Ost-Afrika. Insgesamt erkrankten 25 direkte Kontaktpersonen mit klinischen Symptomen eines schweren hämorrhagischen Fiebers. Weitere 6 Personen infizierten sich sekundär an den direkt Erkrankten unter Ausbildung eines milderen Krankheitsbildes. Sofort eingeleitete Untersuchungen zeigten (16), daß es sich bei dem Erreger um ein bisher unbekanntes Virus handelt. Befallen werden alle Organe, besonders auch die Leber. Der neuartige Viruserreger konnte in Meerschweinchen vermehrt werden (17). Untersuchungen an derart angereicherten und gereinigten Präparaten zeigten, daß es sich bei dem Erreger um ein längliches lipid- und RNS-haltiges Virion handelt. Als Eintrittswege in den Organismus dienen wohl in erster Linie kleinere Hautverletzungen sowie die Atemwege. Durch den Mund aufgenommen kommt es dagegen im Gegensatz zum Erreger der Kinderlähmung nicht zu einer Infektion. Trotz intensivster Forschungsarbeit und Abwehrmaßnahmen starben von den 31 betroffenen Personen sieben.

Die Wahrscheinlichkeit einer derartigen Erkrankung ist zum Glück gering. Kommt es aber zu einer derartigen Infektion, so ist die Gefahr des tödlichen Verlaufs groß. Eine ähnliche Situation finden wir beim Viruserreger der Tollwut vor.

Um den Schweregrad einer Infektionskrankheit besser zu erfassen, unterscheidet man drei Begriffe:

Die *Letalität* gibt die Todesfälle bezogen auf hundert Erkrankte an.

Die *Morbidität* stellt die Zahl der jeweiligen Erkrankungen pro 100 000 der Durchschnittsbevölkerung dar.

Die *Mortalität* einer Krankheit beschreibt schließlich die Zahl der Todesfälle je 100 000 Einwohner. Die Mortalität ergibt sich demnach aus der Multiplikation von Morbidität und Letalität, dividiert durch hundert.

Das Wirtsspektrum der Viruserreger ist außerordentlich unterschiedlich. So vermögen die Masernviren nur den Affen und den Menschen zu befallen. Die Viren der Tollwut können hingegen zahlreiche Tierspezies sowie den Menschen infizieren. Auf die interessanten Aspekte der Wirtsspezifität werden wir im Kapitel »Wirt und Erreger« näher eingehen.

Insgesamt sind heute mehrere tausend Viren bekannt. Dabei entfällt der größte Teil auf bakterienspezifische Viruspartikel, die Bakteriophagen. Für den Menschen sind bei zusätzlicher Berücksichtigung der Haustiererkrankungen etwa hundert Viruserreger potentielle Gefahrenherde.

Wie sieht nun das alte und immer wieder neue Spiel zwischen Angriff und Verteidigung auf zellulärer Ebene aus? Die Schädigung der Wirtszellen durch den Viruserreger bestimmt zweifellos den Gesamtkrankheitsverlauf im Organismus. Diese Auseinandersetzung zwischen Viruspartikel und Zelle soll daher an einem Beispiel kurz erläutert werden: In einem geschlossenen Glasgefäß werden weiße Blutzellen in einer Nährlösung leicht bewegt. Dabei wird laufend der Sauerstoffverbrauch, also die Zellatmung, bestimmt. Wie die Abb. 7 oben zeigt, verbrauchen die Zellen in der Zeiteinheit – zum Beispiel 20 min – für ihren Stoffwechsel etwa gleiche Sauerstoffmengen. Gibt man nun aber in das Gefäß zellpathogene Viren, so wird die Zellatmung fast augenblicklich verringert. Im vorliegenden Beispiel wurden Parainfluenzaviren, Erreger der atypischen Geflügelpest, verwendet.

Zum Teil haben Zellen auch die Möglichkeit, ihre Energie aus der Nährlösung ohne Sauerstoffaufnahme zu gewinnen. Dieser Teil läßt sich über die Bestimmung der gebildeten Milchsäure ermitteln. Auch dieser Zellstoffwechselweg wird durch die Viruszugabe stark gedrosselt (Abb. 7 unten).

In den Abb. 8 und 9 ist die Aufnahme der Viruspartikel durch die Zelle elektronenmikroskopisch abgebildet. Die eingedrungenen Viruspartikel führen durch eine Umschaltung des zellulären Stoffwechsels rasch zu einer Zellschädigung. Diese ist aber nicht »Absicht« der Virusinvasion, sondern Begleiterscheinung der konkurrierenden Virusvermehrung.

Wären subjektive Begriffe wie »Absicht« oder »sinnvoll« in diesem Bereich der biologischen Welt anwendbar, so wäre es zweifellos für die Viruserreger viel »vernünftiger«, die befallene Zelle am Leben zu lassen. Dadurch wäre die Produktion von

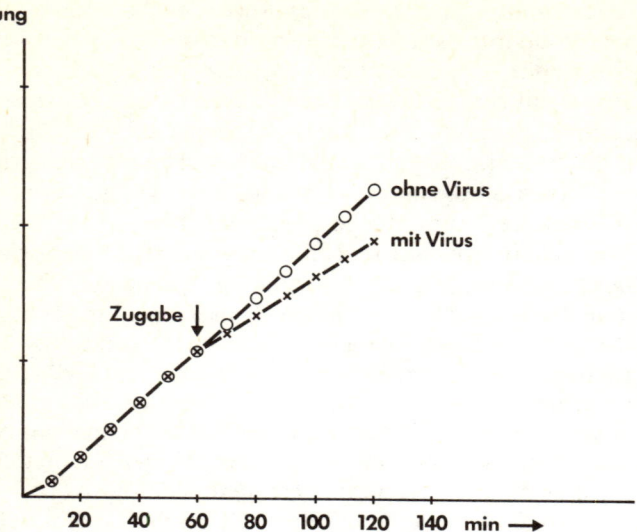

**Atmung**

ohne Virus

mit Virus

Zugabe

20  40  60  80  100  120  140  min →

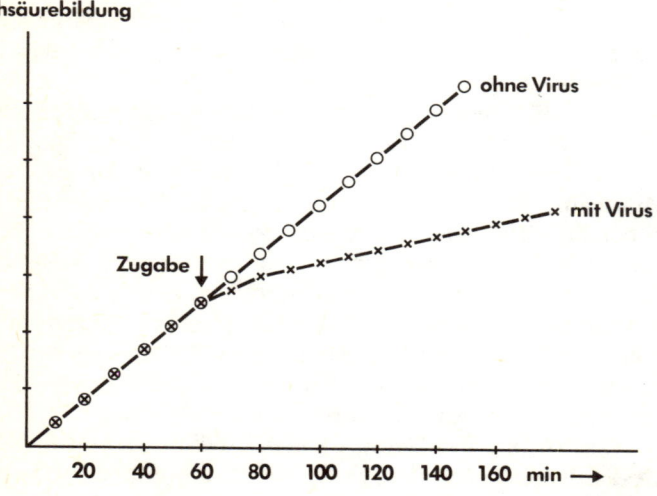

**Milchsäurebildung**

ohne Virus

mit Virus

Zugabe

20  40  60  80  100  120  140  160  min →

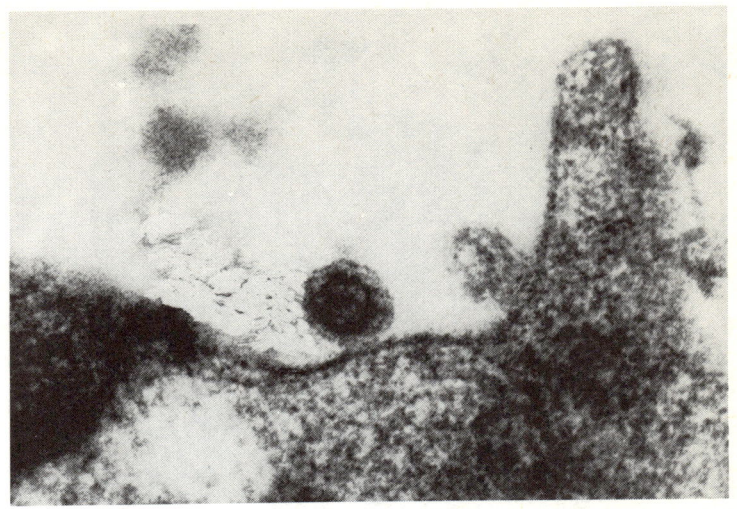

Abb. 8 Elektronenmikroskopische Aufnahmen eines Parainfluenzaviruspartikels an einer Zelloberfläche (100 000fache Vergrößerung)

neuen Viruserregern über wesentlich längere Zeiträume möglich.

Am Beispiel des Pockenvirus soll ein Infektionsverlauf kurz dargestellt werden. Zunächst wird das Viruspartikel durch kleinste, oberflächliche Läsionen der Haut vom Organismus aufgenommen. Eine erste Vermehrung des Virions erfolgt in den Hautzellen. Gleichzeitig gelangen Viruserreger über Lymphbahnen zu den Lymphknoten, dort findet eine Sekundärvermehrung mit anschließender Ausschüttung in den Blutkreislauf statt. Aus der Blutbahn werden die Viruspartikel durch weiße Blutzellen sodann aufgenommen. Dabei kommt es aber nicht – wie bei vielen anderen Erregern – zu einer Virusinaktivierung, sondern sogar zu einer raschen Virusvermehrung. Von Leber und Milz werden die neugebildeten Viruspartikel nun verstärkt wieder in die Blutbahn abgegeben und wandern jetzt erneut in Epidermisschichten der Haut ein. Entsprechend verläuft auch das gesamte Krankheitsbild: Zuerst bilden sich an der Eindringungsstelle der Haut lokale Schwellungen, danach

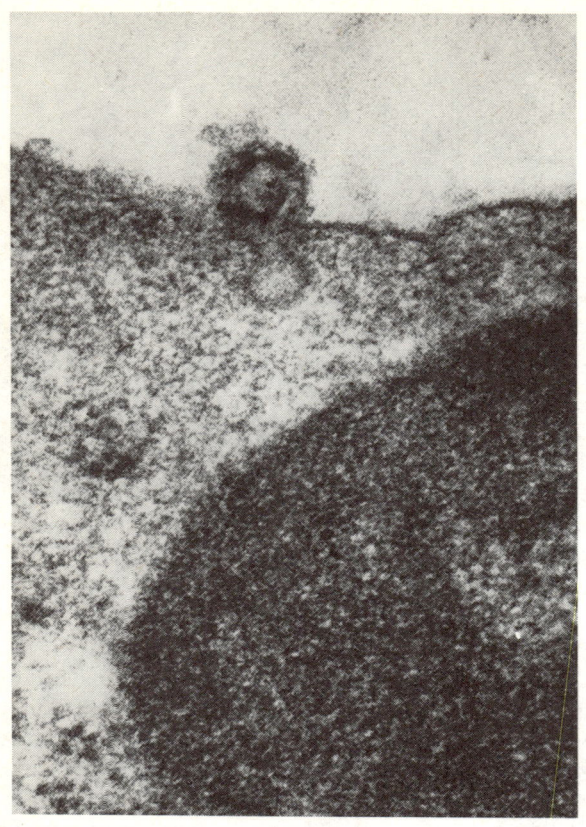

Abb. 9 Elektronenmikroskopische Aufnahme eines Parainfluenzaviruspartikels bei der Infektion einer Zelle (100 000fache Vergrößerung)

entstehen sekundär die allgemeinen Hautschädigungen. Die Krankheit und ihre Symptome entstehen somit nicht schlagartig, sondern verlaufen über einen gewissen Zeitraum in Wellen. In der folgenden Darstellung sind die Virusausbreitung im Blut, die Virusausscheidung, die Körpertemperatur sowie die Hautsymptome während der Infektion schematisch zusammengestellt:

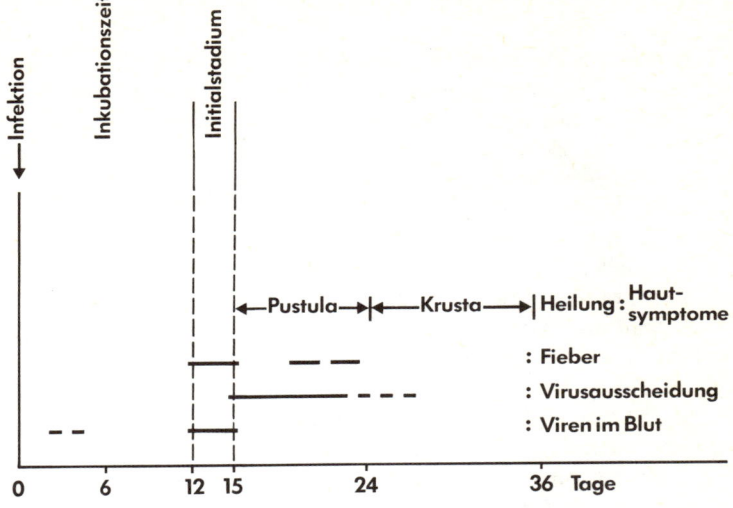

Als Beispiel für einen andersartigen Infektionsverlauf sei der Erreger der Kinderlähmung, das Poliovirus, gewählt. Das Virusteilchen wird hier peroral vom Organismus aufgenommen. Zunächst findet eine Primärvermehrung in den Tonsillen und Lymphknoten statt. Über die Blutbahn erfolgt sodann eine sekundäre Virusausbreitung in weiteren empfänglichen Organen, wie neuen Lymphknoten und vor allem im zentralen Nervensystem. In diesem erfolgt die Ausbreitung entlang den Nervenfasern. Hierbei kommt es zu den typischen und verhängnisvollen Lähmungserscheinungen.

Das Zusammentreffen von Krankheitserreger und Zelle kann verschiedene Konsequenzen haben:

1. Das Viruspartikel wird von der Zelle gar nicht erst aufgenommen. In diesen Fällen kann es natürlich zu keiner Virusvermehrung und Ausbildung von Krankheitssymptomen kommen. Beide »biologischen Informationen« gehen sich gewissermaßen aus dem Weg. Man kann auch sagen, daß der

83

Viruserreger nicht den richtigen Schlüssel für die Zellmembran besitzt.

2. Kommt es zu einer Virusaufnahme durch die Zelle, so werden die eingedrungenen Erreger häufig durch zelleigene Enzyme abgebaut, inaktiviert. Damit wird die Invasion durch die Zelle bzw. durch den Gesamtorganismus erfolgreich abgeschlagen. Dieser Vorgang findet laufend in unserem Organismus statt.

3. Nach der Aufnahme und Zerlegung des Virusteilchens durch die Zelle bleibt die Virusnukleinsäure, das heißt der Träger der viralen Infektion, erhalten. Trotzdem findet aber keine Vermehrung der Virusbausteine statt. Zwischen den beiden Informationsträgern Virus und Zelle ist es gewissermaßen zu einem Burgfrieden gekommen. Dieser kann allerdings leicht durch äußere Einflüsse auf die Zelle gestört werden. In diesem Falle kann die »schlafende« Virus-Nukleinsäure-Information zur Neubildung ganzer infektiöser Viruspartikel angeregt werden. Da Krankheitserreger bereits häufig vorhanden sind, ist es aus diesen Gründen nicht verwunderlich, daß die Gesamtsituation des Organismus wie auch äußere Einflüsse bei der Ausbildung von Krankheiten eine Rolle spielen. Ein Beispiel hierfür ist das Lippenbläschenvirus, das Herpes-simplex-Viruspartikel. Durch die Bestrahlung mit ultraviolettem Licht, zum Beispiel im Hochgebirge, werden diese schlafenden Viren häufig zu neuen Aktivitäten geweckt. Die Folge davon sind die charakteristischen jukkenden und unangenehmen Lippenbläschen.

4. Es kann aber auch der Fall eintreten, daß virale Nukleinsäure in die Zellkern-Desoxyribonukleinsäure aufgenommen wird. Dann findet keine Virusvermehrung statt. Dieser Umstand bietet aber keinen Grund zur Freude. Vielmehr ist die Zelle durch die Aufnahme der fremden Nukleinsäure-Information genetisch, das heißt auch für die Nachkommen verbindlich, umgewandelt, »transformiert«, worden. Aus einer derart transformierten Zelle kann eine unkontrolliert wuchernde Krebszelle resultieren. Beispiele hierfür sind die krebserzeugenden RNS-haltigen Viren, die Oncornaviruserreger (18). Wir kennen aber auch DNS-haltige

Viren, die unter Umständen Krebs erzeugen können (s. Kap. 8).

5. Die in der befallenen Zelle freigesetzte Virusnukleinsäure kann direkt zu einer Virusvermehrung führen. Das heißt, es werden auf Kosten des Zellstoffwechsels neue virale Nukleinsäuren und Proteine gebildet. Dabei kann der Fall eintreten, daß es trotz dieser Virusvermehrung innerhalb der Zellen im Gesamtorganismus nicht zur Ausbildung von Krankheitssymptomen kommt. Wir sprechen in diesen Fällen von inapparenten oder auch latenten, subklinischen Infektionen. Beispiele hierfür können Erreger der Grippe, des Gelbfiebers, der Lippenbläschen sowie z. T. des Mammatumors und der Masern sein. Es handelt sich hierbei häufig um die erwähnten langsamen Viruserreger. Dabei ist noch nicht sicher, wer gewinnen wird, der Viruserreger oder der Organismus. Das System Erreger/Organismus befindet sich in einem labilen Gleichgewicht (20, 21).

6. Schließlich haben wir den typischen Fall einer Infektionskrankheit vor uns, es kommt zu einer Vermehrung der Erreger mit Krankheitsbildern im Gefolge. Beispiele für derartige »normale« Virusinfektionen sind der Schnupfen, die Influenzagrippe, das Gelbfieber, die Maul- und Klauenseuche bei Rind, Schwein und Geflügel, Tollwut, Pocken, Mumps, Masern und Kinderlähmung. Auch Windpocken und die Röteln wären hier zu nennen. Schließlich gehören die meisten Pflanzenviruskrankheiten in diese Kategorie.

Ein wichtiges Charakteristikum derartiger Infektionskrankheiten stellt die Inkubationszeit dar. Sie bezeichnet den Zeitraum zwischen dem Eindringen der Krankheitserreger in den Organismus und dem Auftreten erster Krankheitssymptome. Besonders früh treten erste Krankheitserscheinungen nach der Infektion mit Grippeviren auf. Bereits nach 1–2 Tagen können Fieber, Schüttelfrost oder Kopfschmerzen beobachtet werden. Bei den Schnupfenviren beträgt diese Zeit bereits 3–4 Tage im Durchschnitt. Der Krankheitsverlauf ist hierbei in der Regel wesentlich weniger schwer als bei den Grippeviren. Viele »leichte Grippen« stellen in Wirklichkeit Infektionen mit Schnupfenviren dar.

Das besonders in den Tropen verbreitete Gelbfieber macht sich etwa 3–8 Tage nach der Virusinfektion durch Fieber und ein Absinken der weißen Blutzellen bemerkbar. Bei den bereits erwähnten Erregern der Kinderlähmung, die übrigens auch den Erwachsenen befallen können, beträgt die Inkubationszeit 7–14 Tage. Treten die ersten Symptome wie Fieber oder Einschlußkörper auf, ist eine Immunisierung in der Regel schon nicht mehr möglich. Daher ist die vorbeugende Schluckimpfung von großer Bedeutung. Eine nichtbehandelte Kinderlähmungsinfektion führt häufig zum Tode.

Die auch heute noch von fast allen Kindern durchgemachte Maserninfektion benötigt zur Ausbildung erster Krankheitssymptome etwa 10 Tage. Danach treten die bekannten Hautrötungen auf. Tödliche Zwischenfälle sind zum Glück sehr selten. – Die besprochenen Pockenviren benötigen im Durchschnitt 12 Tage, bis erste Krankheitsanzeichen auftreten. Die Krankheit kann ohne Behandlung tödlich verlaufen.

Die leicht übertragbaren Windpocken entwickeln erste Symptome nach 12–16 Tagen, in der Regel Fieber und Hautausschlag. Tödliche Fälle sind selten.

Auch die Mumpsinfektion wird heute noch in der Regel während der Kindheit durchgemacht. Treten erste Symptome wie Fieber und Appetitlosigkeit auf, so sind in der Regel bereits mehr als 2 Wochen nach der eigentlichen Infektion verstrichen. Gegen Ende der Krankheit kommt es zu der charakteristischen, häufig einseitigen Schwellung der Ohrspeicheldrüse.

Bei der infektiösen Gelbsucht beträgt die Inkubationszeit bereits 15–50 Tage. Treten durch die Virusvermehrung bedingte Leberschäden auf, so hat die eigentliche Infektion schon viele Wochen vorher stattgefunden. Eine nachträgliche Bekämpfung dieser Krankheit ist daher recht schwierig.

Die »verborgene Phase« (Prodromalstadium) beim Tollwutvirus schwankt besonders stark. Sie liegt zwischen 14 und 100 Tagen. Nach Fieber und einem allgemeinen Angstgefühl kommt es zu starken Krämpfen mit meist tödlichem Ausgang. Zu diesem Zeitpunkt können Gegenmaßnahmen kaum noch angewandt werden.

Bei der chronischen Gelbsucht beträgt die Inkubationszeit

gar 43 bis etwa 180 Tage. Der Krankheitsverlauf ist typisch chronischer Natur und kann schwer vorhergesagt und auch beeinflußt werden.

Wir sind damit bei Krankheitserregern angekommen, die zu den sogenannten »langsamen Viruserregern« zu zählen sind. Wie ihr Name sagt, handelt es sich hierbei um Erreger mit Inkubationszeiten von Monaten bis Jahren. Naturgemäß ist hier die Zuordnung einer bestimmten Krankheit zu einem bestimmten Erreger äußerst schwierig und langwierig. Trotzdem können heute verschiedene Krankheiten angegeben werden, die auf derartige spezielle Viruserreger zurückzuführen sind. So gibt es Viren, die das zentrale Nervensystem befallen und wahrscheinlich eine Inkubationszeit bis zu 20 Jahren haben können. Sie verlaufen chronisch und schließlich häufig tödlich. Beispiele hierfür sind die subakute sklerosierende Panencephalitis (SSPE) sowie das Kuru-Virus.

*Zusammenfassung:*
1. Es gibt offenbar für jede Zellart Virusinfektionen.
2. Pflanzenviruskrankheiten werden in der Regel durch kleinere ribonukleinsäurehaltige Viruserreger hervorgerufen.
3. Bei den Tier- und Humanviruserkrankungen handelt es sich häufig um größere, auch lipidhaltige Partikel, die entweder Ribonukleinsäure oder Desoxyribonukleinsäure enthalten.
4. Zahlreiche Humankrankheiten werden durch Viruspartikel hervorgerufen: Hier wären in erster Linie zu nennen Grippe, Schnupfen, Windpocken, Gürtelrose, Lippenbläschen, Masern, Scharlach, Pocken, Gelbsucht, Gelbfieber, Kinderlähmung sowie krebsartige Zellveränderungen.
5. Die Wirtsspezifität beruht zu einem großen Teil auf dem Informationsgehalt der Virusnukleinsäure. So gelingt es zum Beispiel nicht, mit RNS aus Tabakmosaikviruspartikeln Humanzellen zu infizieren.
6. Die Virusausbreitung im Organismus verläuft häufig in Wellen. Der Zeitraum zwischen Infektion und dem Auftreten erster Krankheitssymptome wird als Inkubationszeit bezeichnet.

7. Die Schädigung des Organismus erfolgt durch Veränderungen seiner Zellen infolge der Virusinfektion.
8. Ob es beim Zusammentreffen Viruserreger/Zelle zu einer Virusvermehrung oder genetischen Wirtszellveränderung kommt, hängt auch von Außenfaktoren ab.
9. Virusnukleinsäurestücke können vom Organismus über Jahrzehnte latent beherbergt werden. Wir sprechen in diesem Zusammenhang von »schlafenden Viren«.

## 8. Virusnukleinsäure und Krebserkrankung

Schon frühzeitig wurden in der Virusforschung Erreger entdeckt, die beim Tier zu einer unkontrollierten Zellwucherung führten. Diese Gruppe der Viruserreger wurde dementsprechend als Krebsviren oder auch als oncogene Viren bezeichnet. Bemerkenswert ist, daß zur Gruppe dieser Krebsviren Ribonukleinsäure- wie Desoxyribonukleinsäure-Viruserreger gleichermaßen gehören. Allen Erregern gemeinsam ist ein verhältnismäßig komplexer Aufbau. So enthalten die Oncorna-Viren verschiedene Ribonukleinsäuremoleküle in einem Viruspartikel. Darüber hinaus kommen eigene Enzyme und weitere Bestandteile im Viruspartikel vor. Neben einer komplizierten Lipidhülle enthalten diese Partikel wie gesagt ein Enzym, das von vorgegebenen Ribonukleinsäuresträngen neue spezifische Desoxyribonukleinsäure herstellen kann. Das neuartige Enzym kommt praktisch nur in derartigen krebserzeugenden Viruspartikeln vor. Lediglich im Gewebe des Embryos wird vorübergehend eine entsprechende RNS-gesteuerte DNS-Synthese beobachtet. Dieser Befund ist nicht gar so überraschend, hat das Krebsgewebe mit seinem starken Wachstum doch gewisse Ähnlichkeit mit den Zellen des sich stark entwickelnden Embryos.

Zu den DNS-haltigen oncogenen Viren sind Erreger der Papilloma-, Polyoma-, Adeno- sowie Herpesgruppe zu zählen. Die Viren führen nicht unbedingt zu einer krebsartigen Veränderung der befallenen Zellen. Auch hier spielen offenbar Fragen der allgemeinen Abwehrlage des Organismus zusammen mit Umweltfaktoren eine Rolle. Das Auftreten derartiger Viren stellt somit kein »unabwendbares Schicksal« dar. Durch ihre Bekämpfung kann sicherlich einer von mehreren, zum großen Teil noch unbekannten Risikofaktoren verringert werden.

Im Laboratorium können heute mit derartigen Krebsviren beim Tier zahlreiche Tumore künstlich erzeugt werden, so zum Beispiel beim Huhn durch das Rous-Sarkom-Virus oder bei der Maus durch das Friend-Leukämie-Virus. Beim Menschen sind derartige Beispiele selten. Das hängt natürlich auch damit zusammen, daß hier selbstverständlich keine Übertragungsversuche durchgeführt werden dürfen. Aus indirekten Beobachtungen kann aber geschlossen werden, daß ähnliche Vorgänge auch für den Menschen Geltung haben. So scheint das DNS-haltige Epstein-Barr-Virus für die Entstehung des Burkitt-Lymphoms, der infektiösen Mononukleose sowie des nasopharyngealen Carzinoms beim Menschen verantwortlich zu sein. Nach neueren Untersuchungen konnten bei 13 von 14 Patienten mit Hautkrebs ribonukleinsäurehaltige virusartige Partikel eindeutig nachgewiesen werden. Gesunde Probanden besaßen derartige Teilchen dagegen in keinem Fall.

Darüber hinaus kann offenbar ein spezieller Typ des Lippenbläschenvirus (Herpes II) für bestimmte Humancarcinome verantwortlich sein. An dieser Stelle bekommen die geschilderten Befunde einen etwas unheimlichen Aspekt. So ist das normale Lippenbläschenvirus (Herpes simplex I) in der Bevölkerung Europas zu etwa 70 % verbreitet. Aber auch die beschriebenen krebserzeugenden DNS-Viren werden im normalen Gewebe häufig beobachtet. Wie passen derartige Befunde zusammen? Es gibt darauf eigentlich nur eine Antwort: Unter normalen Bedingungen sind bereits krebserzeugende virusartige Strukturen in den meisten Zellen vorhanden. Damit ähneln aber die DNS-haltigen Krebsviren den erwähnten »schlafenden Viren«, wie im Falle des Lippenbläschen-Virus Herpes simplex. Auch sie können durch äußere Faktoren, wie bestimmte Chemikalien, ultraviolette oder Röntgenstrahlung, evtl. auch Stress, aktiviert werden. Dabei kommt es aber nicht zu einer normalen

Virusvermehrung wie im Falle des Lippenbläschenvirus, sondern durch einen Einbau der viralen Desoxyribonukleinsäure in die Zellkern-Desoxyribonukleinsäure zu einer bleibenden Zellveränderung. Eine derartige Chromosomenänderung der Zelle kann unter Umständen zu einem ungehemmten Wachstum führen. Der Begriff »Virus« ist in diesem Zusammenhang fließend. Vermag das Nukleinsäurestück »zufällig« auch ein geeignetes Hüllprotein für sich zu bilden, so würden wir von einem echten Viruspartikel sprechen. Ist die Nukleinsäure dazu aber nicht in der Lage, nicht »selbst-verpackungsfähig«, so würden wir eher von einem ruhenden »Embryonalgen« oder einem vagabundierenden Chromosomstück sprechen. An dieser Stelle wird der relative Begriff vom Krankheitserreger erneut deutlich. Dringen die in einer Nukleinsäure gespeicherten Informationen nicht von außen in ein lebendes System ein, sondern werden entsprechende Informationen innerhalb der Zelle zu einem falschen Zeitpunkt aktiviert, so können wir nicht mehr von einer Infektion sprechen. Aus molekularer Sicht gesehen, ergeben sich aber keine prinzipiellen Unterschiede.

Unter natürlichen, nicht Laboratoriumsbedingungen, dürfte Krebs nicht übertragbar, nicht infektiös sein. Wäre er es, so wären wir sicherlich schon ausgestorben. Äußere Einwirkungen dürften als Auslösefaktor einen eindeutigen Einfluß haben. Hinzu kommen mit großer Wahrscheinlichkeit auch genetische Veranlagungen. Nach dem heutigen Wissen können wir davon ausgehen, daß laufend einige Zellen ihre frühere »embryonale Freiheit« zurückgewinnen, vom übergeordneten System des Organismus aber normalerweise an dieser »persönlichen Freiheit« gehindert werden. Hier treten gewisse Analogien zur Entwicklung der Nukleinsäuren und der ersten Zellen auf. Auch die Nukleinsäuren bestehen in der Regel aus mehreren biologisch aktiven Stücken, den Genen, die erworben und dem Ganzen untergeordnet werden mußten. Das gleiche gilt für die fortgeschrittenen Zellen mit ihren vielen, zum Teil auch heute noch weitgehend selbständigen Untereinheiten (s. Kap. 12).

*Zusammenfassung:*
1. Krebsartige Zellwucherungen können auch durch Viren induziert werden.
2. Derartige – oncogene – Viruserreger stammen sowohl aus der Gruppe der RNS- wie auch DNS-haltigen Viren.
3. Die RNS-Krebsviren besitzen ein ungewöhnliches Enzym, das am RNS-Strang DNS zu synthetisieren vermag.
4. Im Gegensatz zu den zahlreichen oncogenen Tierviren kennen wir beim Menschen infolge der experimentellen Schwierigkeiten erst wenige Beispiele. Hierzu gehört das Epstein-Barr-Virus, ein Mitglied der Herpes-Virus-Gruppe.

# 9. Krankheit und Lebenserwartung

Bei der Betrachtung der »infektiösen Moleküle«, der viralen Krankheitserreger, drängt sich die Frage auf, warum es diese, ja, warum es Krankheiten überhaupt gibt. Wurden sie etwa von der Natur nur geschaffen, um die Lebensspanne höherer Organismen nicht ins Unendliche wachsen zu lassen, um immer neuen Lebewesen und damit Entwicklungslinien neuen Raum zu geben? So gesehen, wären die infektiösen Makromoleküle – in der Form der Viruspartikel oder einer Zelle – notwendige Regulative zur Erhaltung des Gleichgewichts in der Natur sowie zur Sicherstellung der Auswahl von besonders widerstandsfähigen Organismen.

Auf den ersten Blick erscheint uns eine derartige Erklärung durchaus plausibel. So betrug die mittlere Lebenserwartung eines Menschen zur Zeit der Römer in Mitteleuropa etwa 30 Jahre, um 1900 dagegen bereits 46 und 1970 70 Jahre. Dieser dramatische Anstieg beruht zweifellos zu einem erheblichen Teil auf dem gezielten Zurückdrängen der Seuchen wie Cholera und Typhus, Pest und Pocken, Masern und Kinderlähmung. Graphisch ist diese Entwicklung in der Abb. 10 dargestellt. Hierbei ist der prozentuale Anteil von Neugeborenen gegen das von ihnen erreichte Lebensalter aufgetragen. Kurve I stellt die Überlebensrate zur Zeit der Römer, Kurve II die von

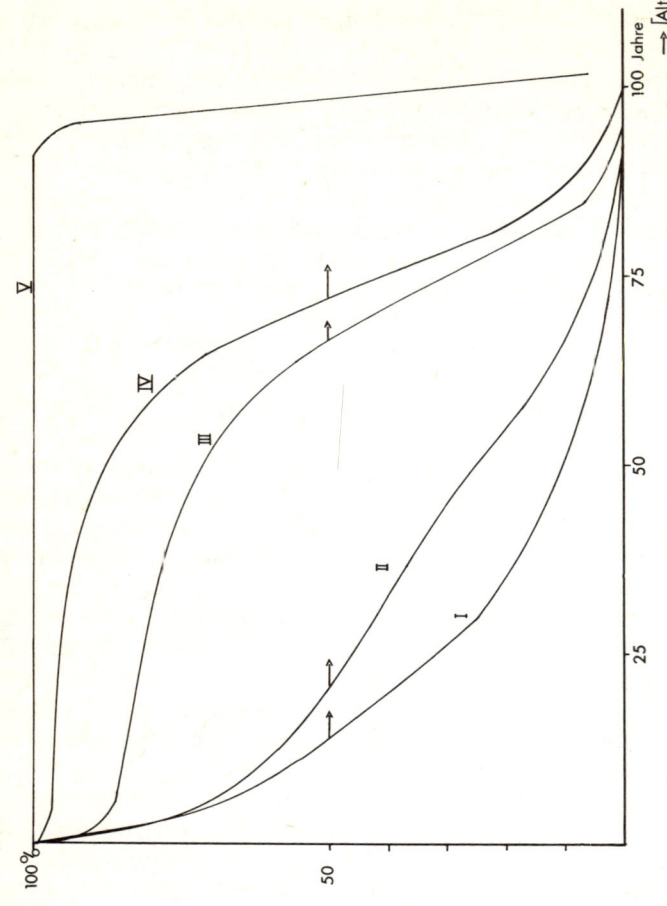

92

Indien 1925, Kurve III die von Mitteleuropa 1925 sowie Kurve IV die Überlebensrate von Mitteleuropa 1974 dar.

Besonders der Vergleich der Kurven von Indien 1925 mit Mitteleuropa 1925 (II/III) zeigt, daß die seinerzeit in Indien noch nicht unter Kontrolle gebrachten Krankheitsherde für den deutlichen Unterschied in der Überlebensrate verantwortlich sind. Inder in Europa erreichten die gleiche hohe Lebenserwartung wie Europäer, das heißt, der beobachtete Unterschied war nicht etwa durch Eigenschaften der Rasse, also nicht genetisch bedingt.

Die regulierende Eigenschaft der Krankheitserreger erschien weiterhin dadurch bestätigt, daß die Lebenserwartung wie auch die Weltbevölkerungszahl bis etwa zum Jahre 500 n. Chr. lange Zeit weitgehend unverändert war. Die mittlere Lebenserwartung der Neugeborenen betrug etwa 25–30 Jahre, die Bevölkerungszahl der Erde ungefähr 100–200 Millionen mit leicht ansteigender Tendenz. Sollten wir nach all dem Gesagten nicht doch das Joch der lebensbegrenzenden Molekülinvasion abschütteln können? Die Überlieferung gibt ja für Methusalem ein Lebensalter von 969 Jahren an. Noch heute sagt man daher: »so alt wie Methusalem«.

Nun, wir Normalsterblichen werden ein derartiges Alter mit an Sicherheit grenzender Wahrscheinlichkeit nie erreichen. Betrachten wir wiederum die obigen Überlebenskurven I–IV, so fällt uns dabei auf, daß die Kurvenschar einem gemeinsamen Endpunkt zwischen 90–100 Jahren zustrebt. Mit anderen Worten, in jeder Population und zu jeder Zeit hat es mehr oder weniger hundertjährige, aber zum Beispiel kaum hundertfünfzigjährige Menschen gegeben. Der Kampf gegen die Krankheiten hat zwar die mittlere, nicht dagegen aber die maximale Lebensdauer erhöht. Offenbar wurde das mittlere Lebensalter – besonders in den vergangenen Jahrhunderten – stark durch zufallsbedingte Todesfälle wie Unfall, Kampf und besonders Krankheit bestimmt. So stellt die Kurve I, die Überlebensrate zur Zeit der Römer, eine fast rein zufallsbedingte Abfallkurve dar, so, wie wir sie mathematisch exakt vom radioaktiven Zerfall bestimmter Atome her kennen. Die »Halbwertszeit« der Kurve I beträgt etwa 15 Jahre; das heißt, jeweils nach ungefähr

15 Jahren war die Häfte der noch Lebenden verstorben. Nach 15 Jahren lebten somit zur Römerzeit noch 50 % der Neugeborenen (zum Beispiel eines bestimmten Jahrgangs), nach 30 Jahren 25 %, nach 45 Jahren 12,5 % und so fort. Bei etwa einem Alter von 100 Jahren hört die reale Kurve – im Gegensatz zur mathematischen – allerdings auf. Wie bei allen statistischen Aussagen kann dabei natürlich nichts über das Schicksal des Einzelindividuums ausgesagt werden.

Ein Vergleich der Kurven von »Europa 1925« (III) oder gar »1974« (IV) mit der obigen zufallsbedingten Überlebenskurve zur Römerzeit (I) zeigt, daß die Verringerung »tödlicher Zufälle«, der Krankheiten, nicht zu einer einfachen Erhöhung der Halbwertszeit, sondern zu einem anderen – nicht mehr allein zufallsbedingten – Überlebenskurvencharakter geführt hat. Durch das Zurückdrängen der Zufallskomponente Krankheit kam der »harte Kern«, das Natur-»Gesetz, nach dem sie angetreten«, zum Vorschein. Diese Überlegungen sollen in der Abbildung schematisch durch die Kurve V dargestellt werden. Im Gegensatz zu den anderen realen Kurven kann sie natürlich nur als theoretische Extrapolation gelten. Einen »Idealmenschen« ohne Krankheiten und Krankheitserreger gibt es nicht, wir können daher auch nicht das maximale Lebensalter exakt angeben.

Man sollte nun annehmen, daß es doch leicht sein müßte, in entsprechenden Urkunden Höchstalter von Personen zu ermitteln. Das ist aber nicht der Fall. Zwei Gründe erschweren genügend gesicherte Angaben: (1) Die Zahl der Menschen, welche die Grenzen des maximalen Alters erreichen, ist naturgemäß gering. Verantwortlich hierfür dürften immer noch die Krankheiten, aber auch Ernährung und Erbanlage sein. Hinzu kommen schließlich auch Unfälle.

(2) Die dokumentarisch einwandfreie Erfassung von Geburts- und Sterbedaten lag in früheren Jahrhunderten im argen. So muß nach einem alten Kirchenbuch in England ein Thomas Carn 1795 im Alter von 207 Jahren gestorben sein. Mit an Sicherheit grenzender Wahrscheinlichkeit handelt es sich dabei um einen Schreibfehler im Geburtsregister (1588/1688) – vorausgesetzt, die Eintragungen stimmen überhaupt.

Eine größere Wahrscheinlichkeit dürften in der Regel erst neuere Daten besitzen. So verstarb in Bremen 1977 Frau M. Sauer im Alter von 110 Jahren.

Eine nennenswerte Überschreitung der Altersgrenze zwischen 100 und 110 Jahren wird demnach für lange Zeit kaum möglich sein. Diese Grenze ist offensichtlich im Organismus selber, in seinen Chromosomen, begründet. Das konkrete Lebensalter bewegt sich zwischen dem »äußeren Zufall« der Kurve I und dem »inneren Gesetz« der Kurve V (ohne Unfälle und Krankheiten). So gesehen, stellt der Kampf gegen die Krankheit einen Kampf gegen den Zufall dar. In die gleiche Richtung zielen unsere Bemühungen zur allgemeinen Unfallverhütung. Der Sinn in der Bekämpfung des apkalyptischen Reiters Krankheit – wie auch von Krieg und Hunger – liegt darin, mehr Menschen durch ein lebenswerteres Leben bis an das maximal mögliche Lebensalter der Spezies Mensch heranzuführen.

Mit »mehr Menschen« ist nun aber nicht die sich abzeichnende Bevölkerungsexplosion auf der Erdoberfläche gemeint. Da Selbstbewußtsein, Menschenwürde und Freiheit keine addierbaren Mengen darstellen, kann kein in die Zukunft gerichteter Sinn darin liegen, daß maximale Menschenzahlen auf der Erdoberfläche am Rande des Existenzminimums »herumkrabbeln«. Es wird Aufgabe der Menschheit in den nächsten Jahrzehnten sein, anstelle von Krankheit und Krieg die Vernunft zu setzen. Nur so wird es im Jahre 2200 noch eine lebenswerte Welt geben.

Die Bekämpfung des vierten Reiters der Apokalypse, des Todes, wird demgegenüber auch in der Zukunft kaum möglich sein. Es scheint der Preis der aus vielen spezialisierten Zellen aufgebauten Organismen zu sein, daß sie in ihrer Struktur nicht ewig bestehen können. Genaugenommen ist aber auch ein Einzeller, zum Beispiel eine Bakterienzelle, nicht unsterblich. Die individuelle Bakterienzelle geht letzten Endes durch die Teilung ebenso verloren wie der Organismus durch den Tod.

*Zusammenfassung:*

1. Durch die aktive Bekämpfung der Krankheitserreger mit Mitteln der Hygiene sowie durch Arzt und Arznei hat sich die mittlere Lebenserwartung in Europa von etwa 25 Jahren zur Zeit der Römer auf ca. 75 Jahre heute erhöht.

2. Hierbei kommt die maximale Lebenserwartung für die Spezies »Mensch« zum Vorschein. Sie dürfte bei 100–110 Jahren liegen.

3. Trotz der stark zufallsbedingten Überlebenskurven früherer Jahrhunderte ist die maximale Lebenserwartung durch die jeweilige Erbanlage der Spezies gesetzmäßig bestimmt.

4. Die Erhöhung der bisherigen maximalen Lebenserwartung wird wesentlich schwieriger sein als das bisherige – erfolgreiche – Zurückdrängen der Krankheitsursachen.

5. Auch in ferner Zukunft wird es nicht möglich sein, die zeitliche Begrenzung eines höheren Organismus aufzuheben.

# 10. Die Bekämpfung viraler Krankheiten

Die Maßnahmen zur Bekämpfung der viralen Krankheitserreger können in zwei Gruppen aufgeteilt werden: (1) Vorbeugende, prophylaktische Maßnahmen.

Ziel der vorbeugenden Maßnahmen ist es, eine Infektion durch Krankheitserreger grundsätzlich zu vermeiden oder eine derartige Invasion zumindest abzuschwächen. Da viele Krankheitserreger normale Bestandteile unserer Umwelt sind, ist eine prinzipielle Vermeidung einer Infektion nicht immer möglich. Durch Maßnahmen der Hygiene, durch die Anhebung des allgemeinen Gesundheitszustandes, sprich der Widerstandskraft des Organismus, können jedoch vorkommende Infektionen abgeschwächt und damit unterdrückt werden. Zu den spezifischen und zum Teil sehr gut wirksamen vorbeugenden Möglichkeiten zählt die Schutzimpfung. Hierbei wird der Wettlauf zwischen Abwehrstoffbildung des Organismus und Krankheitserregervermehrung zugunsten des Organismus beeinflußt. Da schon mehrfach das immunologische Abwehrsystem des

Körpers kurz erwähnt wurde, soll an dieser Stelle auf diese wichtige Schutzfunktion etwas näher eingegangen werden: Im Embryonalstadium werden alle Proteine als »eigen« angesehen, es findet keine körpereigene Reaktion statt. Zum Zeitpunkt der Geburt entstehen nun sogenannte immunkompetente Zellen, welche die Eigenschaft haben, in den Organismus jetzt eindringende Eiweißkörper als »fremd« zu erkennen. Sie bilden gegen das fremde Protein, das Antigen, Gammaglobuline, die Antikörper. Es handelt sich hierbei ebenfalls um Proteine, die sich spezifisch an das jeweilige Antigen anlagern und es so in weiteren Reaktionen zerstören. Durch dieses System hat der höhere Organismus seine biologische Individualität nach der Geburt erlangt. Wie stark diese Individualität ist, zeigen täglich die großen Schwierigkeiten bei den Organtransplantationen. Trotzdem müssen wir über das immunologische System sehr froh sein; würde es fehlen, so wäre ein Überleben höherer Organismen wie der Mensch unmöglich.

Schon frühzeitig hat man sich die immunologische Abwehr des Organismus zunutze gemacht. EDWARD JENNER beobachtete 1796, daß Menschen mit Kontakt zu den für Menschen harmlosen Kuhpocken wesentlich seltener an den echten Pocken starben als andere Personen. Es gelang ihm durch Übertragung von Kuhpockenmaterial einer Melkerin auf einen Jungen diesen vor den Humanpocken zu schützen. Durch die ähnlichen Kuhpocken war im Organismus des Jungen die Bildung von Antikörpern angeregt worden. Durch frühzeitiges In-Berührung-Bringen mit abgeschwächten oder abgetöteten Krankheitserregern ist es dem Abwehrsystem möglich, rechtzeitig und gewissermaßen in Ruhe Abwehrstoffe, das heißt Antikörper, zu bilden. Kommt es später sodann zu einer echten gefährlichen Infektion mit dem entsprechenden Erreger, so ist der Organismus bereits vorbereitet. Bei einer ganzen Reihe wichtiger viraler Infektionskrankheiten ist eine derartige Vorbereitung des Organismus möglich. Beispiele hierfür wären Kinderlähmung, Tollwut, Masern, Mumps, Pocken, Grippe, Röteln oder die Maul- und Klauenseuche der Rinder. Der entstandene Schutz des Körpers reicht viele Jahre, häufig lebenslang. Es gibt aber auch Viren, die bereits im Organismus latent vorhanden sind. Hierzu gehören Erreger der Herpes-Gruppe, zu der z. B. das erwähnte Lippenbläschenvirus zu zählen ist; darüber hinaus Warzenviren, zum Teil Masernerreger sowie mit großer Wahrscheinlichkeit verschiedene Viruspartikel der Krebsentstehung. Zwischen diesen viralen Nukleinsäuren und dem Organismus wurde gewissermaßen ein Burgfriede geschlossen. Der Körper sieht diese virusartigen Strukturen nicht als fremde Eindringlinge an und ergreift somit auch keine Gegenmaßnahmen. Das braucht nicht unbedingt als ein Versagen des Organismus anzusehen sein. Bei den Nukleinsäuren der Krebsbildung ist tatsächlich die Frage zu stellen, inwieweit es sich hierbei um »fremde« Nukleinsäurestücke oder um selbständig gewordene »körpereigene« Nukleinsäureinformationen handelt. Das vorhandene Gleichgewicht zwischen »labiler Nukleinsäureinformation« und Gesamtorganismus kann durch verschiedene Einflüsse wie übermäßigen Stress, allgemeine Schwächung des Organismus usw. leicht gestört werden. Wir erwähnten bereits die Tatsache, daß etwa 70 % der europäischen Bevölkerung die Nukleinsäure des Lippenbläschenvirus verborgen in sich tragen. Beim Aufenthalt im Gebirge z. B. kann dieser Viruserreger durch die ultraviolette Strahlung reaktiviert werden, es kommt zu den typischen Bläschen. Sicherlich beruht auch ein Teil der Krebsformen auf derartigen Aktivierungen schlafender Nukleinsäuren. Das zur gleichen Gruppe wie das Lippenbläschenvirus zu zählende Epstein-Barr-Virus dürfte, wie gesagt, mit größter Wahrscheinlichkeit im direkten Zusammenhang mit der infektiösen Mononukleose, zum Burkitt-Lymphom sowie naso-pharyngealen Carcinom stehen. Dieser Viruserreger kann z. T. auch bei Gesunden gefunden werden. Es scheint sich daher ebenfalls um ein manchmal »schlafendes« Virus zu handeln. Wie bei den genannten verborgenen Viruserregern bzw. Nukleinsäuren oder auch vagabundierenden Genen eine Aktivierung vermindert werden kann, ist noch weitgehend ungeklärt. Die Vermeidung von übermäßigem Stress und die Unterstützung der allgemeinen Körperabwehrmechanismen dürften dabei mit eine Rolle spielen.

Betrachten wir nun die zweite Maßnahmegruppe, (2), die

Vermeidung der Virusausbreitung im bereits mit aktiven Erregern befallenen Organismus.

Lange Zeit hat man eine gezielte Virustherapie für unmöglich gehalten, da – wie gesagt – die Viren über keinen eigenen Stoffwechsel verfügen, den man gezielt hemmen könnte. Bei den bakteriellen Krankheitserregern war es ja im Laufe der letzten Jahrzehnte gelungen, doch Stoffwechselunterschiede herauszufinden, die man gezielt bremsen konnte. Hierbei werden die Wirtszellen, der Organismus, nicht nennenswert geschädigt. Diese Hoffnung existierte zunächst für die viralen Krankheitserreger, die infektiösen Makromoleküle, nicht. In dem Maße, wie es aber im Laufe der letzten Jahre gelang, die Prozesse der Virusvermehrung innerhalb der Zellen näher zu verstehen, ergaben sich auch hierbei gewisse, wenn auch geringfügige, Unterschiede zu den Vorgängen in der Wirtszelle. Bei den meisten virusbedingten Krankheiten können wir die folgenden Infektionsstufen unterscheiden: zunächst die Virusanheftung an der Zelloberfläche, sodann der Virusdurchtritt durch die Zellmembran, die Aufnahme des Viruspartikels durch die Zelle, im Anschluß daran die Zerlegung des Viruserregers in seine Bestandteile und damit die Freisetzung der Virusnukleinsäure innerhalb der befallenen Zelle; sodann die Neubildung von Virusnukleinsäure und Virusproteinen und schließlich die Zusammensetzung der neugebildeten viralen Bausteine zu neuen Viruserregern, die dann aus der Zelle ausgeschleust werden. Schauen wir uns diese verschiedenen Schritte im Hinblick auf eine eventuelle Hemmung näher an:

Die erste Voraussetzung für eine normale Infektion durch Viruspartikel ist, daß das Virusteilchen an die Zelloberfläche absorbiert wird. Hierfür sind häufig Rezeptoren an der Oberfläche sowie bestimmte Milieubedingungen erforderlich. Trotzdem konnte bis heute noch keine Substanz gefunden werden, die diese Vorgänge selektiv hemmt. Allein die körpereigenen Antikörper sind – vorausgesetzt, sie wurden rechtzeitig gebildet – in der Lage, die Viren in diesem Stadium zu hemmen. Dazu ist es notwendig, daß der Körper die Virusteilchen als fremd ansieht und daß rechtzeitig genügend viele Antikörper gebildet werden können. Ist erst einmal die Virusnukleinsäure innerhalb der befallenen Zelle in Freiheit gesetzt worden, so vermögen die Antikörper hiergegen nichts mehr zu unternehmen. Unter normalen Bedingungen vermag der Organismus gegen Nukleinsäuren keine Antikörper zu bilden. Die allein auf der Reihenfolge der Nukleotidbausteine beruhenden Unterschiede zwischen den verschiedenen Nukleinsäuren dürften für die Immunabwehr zu gering sein, die Gefahr der Verwechslung zwischen eigenen und fremden Nukleinsäuren wäre zu groß. Sind die Viruserreger, zum Beispiel durch Wirtszellmembranen, getarnt oder treten sie gar die meiste Zeit, wie offenbar bei verschiedenen Krebsviren, nur in der Form der Nukleinsäure auf, so ist das immunologische Abwehrsystem machtlos.

Auf der anderen Seite kann es auch bei der Mobilisierung körpereigener Strukturen durch Viruspartikel getäuscht werden und überempfindlich reagieren. Wir sprechen in diesem Zusammenhang dann von Autoimmunkrankheiten. Hierbei hat der Körper Antikörper gegen eigene Strukturen gebildet.

Bei einigen Erkrankungen ist auch nach dem Auftreten der ersten Krankheitssymptome noch eine Impfung sinnvoll. Hier werden in der Regel bereits fertige Antikörper, die in anderen Organismen, wie zum Beispiel im Pferd, entstanden sind, übertragen. Diese Art des Immunschutzes wird als passive Immunisierung bezeichnet, da hier der Organismus – im Gegensatz zur aktiven Immunisierung mit abgeschwächten Krankheitserregern – keine Antikörper bildet, sondern diese fertig – passiv – injiziert bekommt.

EMIL VON BEHRING entwickelte 1890 den passiven Immunschutz. Für diese bahnbrechenden Arbeiten erhielt er 1901 den ersten Nobelpreis für Medizin.

Die Aufnahme der Viruspartikel durch die Zelle kann mit chemotherapeutischen Mitteln bis heute noch nicht sicher und spezifisch verhindert werden. Vor einigen Jahren wurde angenommen, daß die Substanz Amantadin diesen Vorgang bei einigen Grippeviren blockieren würde. Heute neigt man mehr der Ansicht zu, daß hierbei die Viruszerlegung blockiert ist.

Eine sinnvolle Hemmung und damit Bekämpfung der entsprechenden Krankheit dürfte noch am ehesten auf der Stufe der viralen Nukleinsäuresynthese oder Proteinbildung zu suchen sein. Wie wir heute wissen, werden die Virusnukleinsäuren durch virusspezifische Proteine synthetisiert. Es werden demnach nicht die Werkzeugmaschinen der Zelle direkt verwendet, sondern spezielle Aggregate. Gelingt es, diesen Unterschied in der Nukleinsäureherstellung zwischen Viruserreger und Wirtszelle auszunutzen, so hätte man ein wirksames Mittel gegen virale Krankheiten in der Hand. Besonders elegant läßt sich die Hemmwirkung verschiedener Substanzen gegenüber viralen Erregern in der sogenannten Gewebekultur bestimmen. Hierbei läßt man verschiedene Zellen in einer Kultur, einer flachen Glasschale zum Beispiel, wachsen. Gibt man hierzu verschiedene virale Erreger, so kommt es bei einigen zu Veränderungen im Zellrasen. Diese fleckenartigen Beschädigungen können direkt ausgezählt werden und als Maß für die virusbedingte Schädigung gelten. Zahlreiche Substanzen zeigten nun in derartigen Testanordnungen zum Teil recht gute Hemmwirkungen gegenüber den Viruspartikeln. Die Vermehrung der Viruserreger innerhalb der Zellkultur ist deutlich verringert oder völlig blockiert. Das Problem liegt nun darin, daß diese Wirkung in vivo, im Gesamtorganismus, häufig nicht mehr beobachtet werden kann. Entweder werden die Substanzen erst gar nicht vom Körper aufgenommen, oder aber sie werden zu schnell abgebaut oder wieder ausgeschieden. Häufig können sich die Erreger auch durch geringfügige Veränderungen in ihrer Nukleinsäure-Information an die neue Situation anpassen. Wir sprechen in diesen Fällen von drogenresistenten Mutanten. Dieser Vorgang ist auch bei den bakteriellen Krankheitserregern hinlänglich bekannt. Die Anwendung derartiger Hemmsubstanzen muß daher gezielt und überlegt erfolgen. Das Hauptproblem in der Entwicklung einer antiviral wirksamen Substanz ist nach wie vor, eine möglichst spezifische Hemmwirkung zu erzielen, das heißt möglichst nur die Werkzeugmaschinen der Viruserreger, nicht aber die der Zelle zu blockieren. Erste Erfolge zeichnen sich auf diesem langen Weg ab. Als Beispiel seien Substanzen wie die Phosphonoessigsäure oder verschiedene Analoge der Nukleinsäurebausteine wie Fluor-desoxyuridin, Jod-desoxyuridin oder Cytosinarabinosid genannt.

Die höheren Zellen bzw. Organismen haben im Laufe ihrer Entwicklung neben dem bereits erwähnten immunologischen Abwehrsystem aber noch eine andere Form der Bekämpfung viraler Erreger entwickelt. Es handelt sich hierbei um die sogenannten Interferone, zuckerhaltige Proteine der Zellen. Im Gegensatz zu den spezifischen Antikörpern wirken die Interferone fast gleichermaßen gegen alle Viruserreger. Wahrscheinlich wirken sie in erster Linie über eine spezifische Hemmung der Virusproteinsynthese. Von einem vollständigen Verständnis der Wirkungsweise sind wir aber noch weit entfernt. Die von den Zellen gebildeten Interferone sind artspezifischer Natur, das heißt sie wirken nur jeweils in der sie bildenden Spezies. Für eine vorbeugende oder therapeutische Anwendung beim Menschen kommt somit nur Human-Interferon in Frage. Erste Schritte zur Gewinnung reiner Interferonmengen aus Humanzellkulturen wurden inzwischen getan. Interessant sind aber auch Substanzen, die die körpereigene Herstellung von Interferon stimulieren und somit indirekt antiviral wirksam werden. Unter den Interferon-Induktoren sind vor allem natürliche und synthetische doppelstrangige Ribunukleinsäuren zu nennen. Auch hier ist aber ein Durchbruch in Richtung einer breiten, effektiven Anwendung noch nicht gelungen.

Trotz erster Erfolge in der antiviralen Chemotherapie ist ein »virales Penicillin« noch nicht in Sicht. Eine Erklärung dafür ist der wesentlich geringere Unterschied zwischen einem viralen Erreger und der Wirtszelle, verglichen mit dem System Bakterienzelle und Wirtszelle. In dem Maße, wie es gelingen wird, die Gesetze der Virusvermehrung zu erkennen, wird es möglich sein, auch bei der antiviralen Chemotherapie analoge Entwicklungen, wie zum Beispiel mit den Sulfonamiden oder Antibiotika, bei der antibakteriellen Chemotherapie zu erzielen. Bis dahin bleibt in vielen Fällen die aktive oder passive Immunisierung der beste Schutz. Inwieweit es schließlich gelingen wird, aus der antiviralen Therapie eine antitumorale zu entwickeln, kann zur Zeit noch nicht beurteilt werden. Hoffnungsvolle Schritte auf dem sicherlich langen Weg sind getan.

*Zusammenfassung:*

1. Vorbeugende Maßnahmen zur Virusbekämpfung sind die Vermeidung oder Abschwächung der Infektion bzw. der Aktivierung evtl. bereits vorhandener verborgener Virusnukleinsäuren.

2. Zumindest bestimmte Krebsformen dürften auch beim Menschen durch virale Nukleinsäuren induziert sein.

3. Bei der antiviralen Chemotherapie sind erste hoffnungsvolle Schritte getan. Der eigentliche Durchbruch – analog zu den Antibiotika – fehlt aber noch.

4. Ein gezielter Angriff auf die Vermehrung der Viruserreger wäre durch eine spezifische Hemmung der virustypischen Werkzeugmaschinen, der Polymerasen, möglich.

5. Aus einer antiviralen Chemotherapie könnte eines Tages eine antitumorale Therapie entwickelt werden.

# 11. Wirt und Erreger

Kommt es zwischen zwei biologischen Systemen, von denen das eine deutlich größer als das andere ist, zu einer Wechselwirkung, so sprechen wir von einer Erreger/Wirt-Beziehung. Haben die biologischen Aktionen des kleineren Systems für das größere negative Folgen, so werden diese kleineren Informationen als Krankheitserreger bezeichnet. Bei diesen stellt sich nun besonders die Frage nach ihrer Wirtsspezifität. Zahlreiche Krankheitserreger besitzen ein sehr enges Wirtsspektrum, das heißt eine hohe Wirtsspezifität. Häufig können sie nur eine Spezies befallen. So sind die viralen Erreger der Kinderlähmung, der verschiedenen Schnupfenformen, der Gelbsucht, der menschlichen Grippe, sowie das Warzenvirus Hominis und die krebsverdächtigen Epstein-Barr-Viren unter natürlichen Bedingungen auf den Menschen beschränkt. Auch im Laboratorium ist man bei diesen Krankheitserregern in der Regel auf Humanzellkulturen angewiesen.

Ein ähnlich enges Wirtsspektrum besitzen zahlreiche Pflanzen-, Tier- oder bakterienspezifische Krankheitserreger. Besonders die Bakterienviren vermögen sich häufig nur in einer bestimmten Bakterienart zu vermehren.

Entwicklungsgeschichtlich interessant sind die viralen Erreger der Röteln, Mumps, Masern sowie der Marburg-Virus-Krankheit. Diese Viria können unter natürlichen Bedingungen den Menschen sowie den Affen befallen. Die gemeinsame Wirtseigenschaft spiegelt die, entwicklungsgeschichtlich gesehen, kurze Aufspaltung der Primaten in Mensch und Affe wider. Beide Entwicklungslinien haben sich wahrscheinlich erst vor einigen Millionen Jahren von gemeinsamen Vorfahren getrennt.

Die Gruppe der Adenoviren, Parainfluenzaviren sowie Herpesviren besitzt bereits das Wirtsspektrum Mensch, Affe (Schimpanse, Gorilla, Orang-Utan), Rhesus-Affe, Rind, Hund sowie Maus.

Eine Sonderstellung nehmen die durch Insekten übertragenen Krankheitserreger ein. Hierzu gehören zum Beispiel die Arboviren, welche sich sowohl in blutsaugenden Insekten, als auch in Wirbeltieren wie Fisch, Vogel oder Säugetier vermehren können. Beim Menschen vermögen sie Fieber und Kopfschmerzen hervorzurufen. Sie finden sich besonders in warmen, feuchten Gegenden der Erde. Hier wird bereits ein sehr breites Feld in der Entwicklung des Lebens durch einen einzigen Erreger abgedeckt. Über ein verhältnismäßig breites Wirtsspektrum verfügt auch das Tollwutvirus. Es vermag sich, soweit wir heute wissen, in allen warmblütigen Spezies zu vermehren. Besonders leicht können Fuchs, Hund, Wolf und Fledermaus infiziert werden. Durch Biß kann das Virion sodann auf den Menschen übertragen werden. Es führt in der Regel zum Tode.

Auch der zelluläre Erreger der Papageienkrankheit, ein kleines, obligat parasitäres Bakterium, besitzt in vielen Vogel- und Säugetierarten ein breites Wirtsspektrum. Werden die Schranken zwischen den Individuen bzw. Spezies durch Abbau der Zellmembranen beseitigt, so steigt in der Regel die Zahl der möglichen Wirte stark an. Eine zusätzliche Verbreiterung des Wirtsspektrums ist häufig im Laboratorium durch die Anwendung der isolierten Virusnukleinsäure möglich. So gelingt es zum Beispiel, die Ribonukleinsäure des Tabakmosaikvirus in zellwandfreien Hefezellen, sogenannten Protoplasten, zu vermehren. Werden die Schranken der Wirtszelle durch Auflösung der Zellmembran weiter abgebaut, so erweitert sich das Wirtsspektrum für virale Nukleinsäuren abermals. In diesem Falle haben wir nicht-zelluläre Vermehrungsgemische vor uns. Es handelt sich demnach um reine Laboratoriumsbedingungen. Mit Hilfe der zellulären Maschinen für die Proteinsynthese, der Ribosomen, und mit zahlreichen anderen Hilfsstoffen gelingt es, die Virusnukleinsäureinformation im Reagenzglas künstlich zu vermehren. Unter diesen künstlichen Bedingungen ist es möglich, fast jede Nukleinsäureinformation zur Vermehrung zu bringen. So konnten mit Extrakten aus Weizenkeimlingszellen die Nukleinsäuren von Bakterienviren, Pflanzen- und Tierviren künstlich vermehrt werden. Dabei gelang zum Teil die gleichzeitige Herstellung neuer Virusribonukleinsäuren und die Bildung virusspezifischer Proteine.

Die Verringerung der Wirtsspezifität – ausgehend vom Gesamtorganismus über die einzelne Zelle, den Protoplasten bis hin zum Zellextrakt – geht mit dem Abbau der individuellen Eigenarten der Spezies und schließlich Zellen parallel. Am Ende bleibt der ubiquitäre, allen lebenden Systemen gemeinsame Wortschatz der Trinukleotide in der Nukleinsäure.

Wie wir gesehen haben, kann der Erreger zellulärer oder nicht-zellulärer, viraler Natur sein. Der Wirt dagegen besitzt stets eine zelluläre Struktur. Sei es in der Form eines Einzellers, wie zum Beispiel bei den Bakterien, oder als Zellverband in den Beispielen Pflanze, Tier und Mensch.

Bisher haben wir den Erreger in seiner negativen Auswirkung auf den Wirt behandelt, wir haben den Krankheitserreger in den Vordergrund gestellt. Schwieriger wird die Betrachtung des Wirtsspektrums bei biologischen Systemen, die bei ihrem Wirt keine bzw. eine positive Reaktion hervorrufen. Wie viele derartige kleine biologische Informationsteile mag es geben, von denen wir bis heute noch gar nichts wissen!

Daß es sich hierbei nicht nur um theoretische Überlegungen handelt, möge am Beispiel der zellulären Bakterien dargelegt werden. Es konnte gezeigt werden, daß die normale Bakterienflora im Darmtrakt vieler Lebewesen von großem Nutzen ist. Durch eine Art von bakteriellem Antagonismus werden zum Beispiel pathogene, krankheitserregende Keime unterdrückt. Darüber hinaus sind die »gutartigen« Bakterien erforderlich, um in den ersten Lebensmonaten das Immunabwehrsystem zu aktivieren. Ohne derartige Bakterienbesiedlungen ist ferner die Erneuerungsrate der Epithelialzellen in der Schleimhaut innerhalb des Darmtraktes wesentlich erniedrigt. Worauf diese Tatsache zurückzuführen ist, ist bis heute noch unbekannt. Keimfrei aufgezogene Tiere sind äußerst empfindlich gegen Krankheitserreger. Schließlich sind viele Darmbakterien beim Menschen für die lebensnotwendige Versorgung mit dem Gerinnungsvitamin K notwendig. Zum Teil liefern die Mikroorganismen auch so wichtige Substanzen wie das Biotin, Riboflavin oder die Pantothensäure – alles Substanzen mit Vitamincharakter. Auf diese Tatsachen bezog sich der von LOUIS PASTEUR bereits im vorigen Jahrhundert getane Ausspruch: »Leben würde im Falle der Abwesenheit von Mikroben nicht lange weiterwähren.« Für viele Zeitgenossen mußte dieser Satz aus dem Munde eines der bekanntesten Kämpfer gegen mikrobielle Krankheitserreger zunächst recht erstaunlich scheinen. – Ob es derartige positive Wechselbeziehungen auch zwischen nicht-zellulären, viralen Erregern und Wirtssystemen gibt, kann bis heute noch nicht mit Sicherheit gesagt werden. Es scheint Anzeichen dafür zu geben, daß übliche, in der Regel nicht so gefährliche Viren die Ausbreitung unüblicher, bedrohlicherer Viria verhindern können.

Aus dem Gesagten geht hervor, daß auch in den gemeinsamen Krankheitserregern die mehr oder weniger vorhandene Verwandtschaft der Arten im Rahmen der Entwicklungsgeschichte zum Ausdruck kommt. Durch den Abbau der entwickelten Strukturen im Reagenzglas gelingt es, wie gesagt, die Unterschiede in den biologischen Systemen so weit zu beseitigen, daß zumindest die meisten einfacheren Nukleinsäuren mit der Hilfe ganz unterschiedlicher Zell-»Maschinen« vermehrt werden können. Vor diesem Hintergrund der gemeinsamen Ursprache sind die starken Wechselwirkungen zwischen Erreger und Wirt durchaus verständlich. Da wir über die positiven

Aspekte derartiger Wechselwirkungen noch zu wenig wissen, kann es nicht die Aufgabe sein, sämtliche Erreger ohne Unterschied zu vernichten. Das würde wohl auch praktisch nicht möglich sein. Es gilt vielmehr, die krankheitserregenden Strukturen selektiv zu unterdrücken. In dieser gezielten Bekämpfung liegt die Schwierigkeit, aber auch die große Chance auf dem Weg zur maximalen Lebenserwartung. Die besprochene Wirtsspezifität der Krankheitserreger hat neben der praktischen Bedeutung auch theoretisches Interesse. Da die viralen Erreger für ihre Vermehrung völlig von ihren Wirtszellen abhängig sind, können sie als Höchstwert nur das entwicklungsgeschichtliche Alter ihrer Wirte besitzen. Menschliche Formen gibt es erst seit etwa 1–2 Millionen Jahren auf der Erde. Die Erreger der Kinderlähmung sowie der humanspezifischen Warzen dürften demnach nicht älter sein. Die für Mensch wie Affe gleichermaßen pathogenen Erreger von Röteln, Mumps, Masern sowie der Bläschenflechte (Herpes) könnten dagegen auf den Urahn von Mensch und Affe zurückgehen und somit etwa 35 Millionen Jahre alt sein. Kann sich ein Erreger in den meisten Säugetierarten vermehren, so dürfte er bereits ein Alter von etwa 200 Millionen Jahren erreichen. Hierzu wären die Reo-, Parainfluenza- oder Tollwutviren zu rechnen. Die Arboviren würden schließlich nach diesen theoretischen Überlegungen ein Entwicklungsalter bis zu 400 Millionen Jahren besitzen können, da sie sich in Insekten wie Wirbeltieren gleichermaßen vermehren können. Die ältesten Viren wären schließlich die der Bakterienzelle.

Die Entwicklung der viralen Nukleinsäuren darf man sich nun sicherlich nicht so vorstellen, daß parallel zum Stammbaum der zellulären Arten ein analoges Schema für die Entwicklung verschiedener viraler Erreger abgelaufen wäre. Vielmehr ist die Entwicklung der nicht-zellulären biologischen Informationen nicht von der der zellulären zu trennen.

Da es auf der Erdoberfläche einige Millionen verschiedener selbstvermehrungsfähiger Systeme gibt, sei es Virus, Einzeller, Pflanze oder Tier, muß es mindestens einige Millionen verschiedene Nukleinsäurearten geben. Verglichen mit der fast unbegrenzten Zahl möglicher Nukleinsäurearten ist diese Zahl aber verschwindend gering. Vor dem Hintergrund der möglichen Sequenzisomerie der vier Bausteine innerhalb der Nukleinsäurekette stellen einige Millionen Nukleinsäuretypen demnach ein äußerst schmales Spektrum dar. Mit anderen Worten: die biologisch aktiven Nukleinsäuren sind eng verwandt miteinander. Dieser Umstand findet seinen Ausdruck in der Universalität der genetischen Sprache sowie in der experimentellen Möglichkeit, die verschiedensten biologisch wirksamen Nukleinsäuren mit Hilfe unterschiedlicher Zellfraktionen zu vermehren. Um so erstaunlicher muß die Tatsache sein, daß mit praktisch den gleichen biologischen Grundprinzipien selbstvermehrungsfähige Gebilde wie das 0,000 015 Millimeter große Maul-und-Klauenseuche-Virus aber auch das größte heutige Lebewesen, der 30 Meter lange Blauwal, verwirklicht wurden. Nach dem Zusammenschluß von zahlreichen Makromolekülen zu den ersten Zellen vor einigen Milliarden Jahren erfolgte vor einigen hundert Millionen Jahren der Zusammenschluß von Zellen zu Organismen. So besteht der Mensch aus etwa 600 Billionen Zellen. Diese Aussage zeigt aber auch, wie begrenzt der Informationsinhalt derartiger Angaben ist. Der Mensch ist eben ungleich mehr als die Ansammlung von 600 Billionen Zellen. Als Grundlage für ein Verständnis überadditiver Vorgänge sind derartige Werte allerdings unerläßlich. Einen großen Erfolg auf diesem mühseligen Wege stellt die erstmalige Aufklärung der Bausteinreihenfolge einer gesamten Virusnukleinsäure dar. Es handelt sich hierbei um die aus 3569 Bausteinen – bei vier verschiedenen Bausteinsorten – aufgebaute Ribonukleinsäure des Bakterienvirus MS 2. Wenn es sich hierbei auch verglichen mit den Nukleinsäuremengen der Zelle oder gar eines Gesamtorganismus um kleine Informationsspeicher handelt, so sind diese Untersuchungen doch ein sehr wichtiger Meilenstein auf dem Wege zum Verständnis biologischer Systeme.

Am Beispiel der obigen erstmals vollständig aufgeklärten Bausteinreihenfolge eines Viruserregers sei ein kleiner Ausflug in die Mathematik erlaubt:

Betrachtet man ein derartiges Nukleinsäuremolekül, so fällt einem auf, »daß eigentlich gar nichts Auffälliges« vorhanden ist. In bunter Reihenfolge ziehen die vier verschiedenen Symbole für die Bausteine in nicht enden wollender Reihe vorbei. Es ist für den Betrachter unmöglich, auch nur die geringste Gesetzmäßigkeit in der Reihenfolge zu erspähen. Trotzdem handelt es sich bei dem Virusmolekül um eine einmalige Bausteinanordnung. Um das zu demonstrieren, sei eine ganz winzige »Nukleinsäure« gewählt: AUAU*. Dieses Molekül besteht aus insgesamt vier Bausteinen. Ferner wurden für das Beispiel nur zwei der vier Sorten benutzt (A, U). Wie viele derartiger »Nukleinsäuren« können aus den vorgegebenen Nukleotiden gebildet werden? In diesem einfachen Fall kann die Zahl der Tauschmöglichkeiten, der Sequenzisomerie, noch durch Probieren ermittelt werden:

AUAU  AAUU  AUUA  UAUA  UUAA  UAAU

Im gewählten Beispiel beträgt die Zahl der Möglichkeiten somit 6. Bei schon etwas längeren Reihenfolgen hört aber das Ausprobieren rasch auf. Wie kann die Zahl der Sequenzisomere mathematisch berechnet werden? Bestünde die obige Reihenfolge aus vier verschiedenen Symbolen, so wäre die Lösung 4! Das mathematische Zeichen »!« heißt »Fakultät« und besagt einfach, daß man alle Zahlen, beginnend von 1, nacheinander bis zur vorgegebenen Zahl miteinander multipliziert. 4! heißt demnach $1 \times 2 \times 3 \times 4 = 24$ Möglichkeiten. Nun sind aber nicht vier, sondern nur zwei verschiedene Bausteine in der obigen »Modell-Nukleinsäure« enthalten. Die Zahl der unterschiedlichen Reihenfolgen wird daher geringer sein. Dazu müssen wir die Gesamtzahl der Möglichkeiten durch die Zahl der aufgrund gleicher Bausteine wegfallenden Möglichkeiten teilen. Bei unserer Modellreihenfolge sind zwei (verschiedene) Bausteine zweifach vorhanden (A, A; U, U). Damit entfallen je 2! Anordnungen, insgesamt also 2! ins Quadrat. Die rechnerische Lösung lautet dann:

$$\frac{4!}{(2!)^2} = \frac{24}{4} = 6$$

---

* s. Fußnote S. 67.

Wenden wir uns nun der konkreten Nukleinsäure des MS 2 Virus zu, so haben wir hier die normalen vier unterschiedlichen Bausteine jeder Nukleinsäure vor uns. Der Einfachheit wegen sei ferner mit rund 3600 Bausteinen insgesamt gerechnet. Da sich die vier verschiedenen Bausteine dabei etwa gleich gehäuft vorfinden, können wir mit jeweils 900 für jeden rechnen. Die Berechnung der Zahl verschiedener Reihenfolgen ergibt bei diesem konkreten Beispiel nun das folgende Bild: die Zahl der Möglichkeiten wäre bei 3600 Bausteinen – wenn alle verschieden wären – 3600!. Diese Zahl müssen wir wieder durch die Zahl der unwirksamen Wechsel bei gleichen Bausteinen teilen

$$\frac{3600!}{(900!)^4} = 10^{2000}$$

Mit diesem Zahlengebilde haben wir natürlich die einfache Modellrechnung längst verlassen. Der obige Quotient läßt sich – in Näherung – nur noch mit der Hilfe eines Computers ausrechnen. Es wäre auch völlig unsinnig, für die Zahl $10^{2000}$ nach einem Namen zu suchen. Die Zahl könnte auch ruhig $10^{1000}$ lauten. Beide Werte sind für uns gleichermaßen unvorstellbar groß. Alle Atome des Weltalls sollen zusammen etwa die Zahl $10^{80}$ ergeben, also wesentlich weniger.

Die obige Berechnung zeigt für den konkreten Fall der in der Natur vorhandenen Nukleinsäuren, daß die Wahrscheinlichkeit für eine bestimmte Anordnung von vier Bausteinen auf einigen tausend Plätzen fast unendlich gering ist. Bezogen auf Größe und Alter des Weltalls ist sie praktisch gleich Null. Das heißt aber, daß *diese* Makromoleküle nicht spontan entstanden sein können. Sie müssen vielmehr *schrittweise* über lange Zeiträume aus kleinen Kettenstücken entstanden sein.

Eine wichtige Frage, die schon an verschiedenen Stellen anklang, ist: Wo befinden sich eigentlich die viralen Erreger, wenn gerade keine Krankheitsherde vorliegen? – Um der Beantwortung dieser Frage näherzukommen, müssen wir uns den Lebensraum viraler Krankheitserreger, die Virusökologie, näher anschauen. Wo können Viren normalerweise gefunden werden? Hier wären zunächst die unbelebten Reservoire wie

Wasser und vor allem Abwässer zu nennen. Da die Viren obligate Zellparasiten darstellen, können sie hier natürlich nur für eine begrenzte Zeit existieren. Aus dem wäßrigen Medium werden die Erreger zum Teil oral von Wirtsorganismen oder aber auch von Insekten aufgenommen werden. Beißende oder saugende Insekten vermögen die Viren sodann auf Tiere oder Menschen zu übertragen, sie stellen für das entsprechende Virus einen »Vektor« dar. Die Insektenüberträger zeigen hierbei keine Krankheitssymptome. Auch andere Tiere wie Vögel, Nagetiere oder Affen können symptomfreie Virusträger, Virusreservoire sein. Ein Beispiel hierfür ist das erwähnte Marburg-Virus.

Träger des Virus können schließlich auch Individuen der eigentlichen Wirtsspezies sein, ohne ein Krankheitsbild zu zeigen. Beim Poliovirus der Kinderlähmung spricht man in diesem Zusammenhang von »stillen Ausscheidern«.

Darüberhinaus vermögen Viren oder Virusnukleinsäuren in Wirtszellen verborgen über lange Zeiträume zu bestehen. Durch äußere Einflüsse können sie dann plötzlich wieder aktiviert werden. Die Situation wird noch dadurch kompliziert, daß aus verschiedenen Viren durch Rekombinationen immer wieder neuartige Erreger gebildet werden.

Eine vollständige Ausrottung der viralen Krankheitserreger wird nach dem Gesagten nicht möglich sein. Mit Hilfe exakter Kenntnisse zur Virusvermehrung kann aber das seuchenartige Auftreten vermieden werden.

*Zusammenfassung:*
1. Virale Krankheitserreger vermögen mehr oder weniger unterschiedliche Organismen (Spezies) zu befallen. Diese Eigenschaft wird mit dem Begriff »Wirtsspektrum« umrissen.
2. Im Wirtsspektrum der Erreger spiegelt sich zum Teil die entwicklungsgeschichtliche Verwandtschaft der Arten wider.
3. Werden beim Wirtsorganismus künstlich die Zellwände oder Membranen abgebaut, so verbreitert sich in der Regel das Wirtsspektrum.

4. Das gleiche gilt für Infektionen mit der freien Virusnukleinsäure.
5. Inzwischen konnte erstmals die Reihenfolge der 3569 Bausteine in der Ribonukleinsäure eines Virus aufgeklärt werden.
6. Viren vermögen sich in anderen Spezies zu vermehren, ohne dort Krankheitssymptome zu erzeugen (Reservoire).
7. Zahlreiche virale Erkrankungen werden durch beißende oder saugende Insekten verbreitet (Vektoren).

## 12. Makromoleküle auf Wanderschaft

Nach dem Gesagten erhebt sich erneut die Frage nach der Zuordnung der Viruserreger. Sind diese Makromolekül-Komplexe nun als belebt zu betrachten oder nicht? Zwei Haupteigenschaften lebender Systeme sind zweifellos vorhanden: die identische Vermehrung, wenn auch in bereits vorhandenen Zellen, sowie die Fähigkeit zur Mutation, zur schrittweisen Veränderung der Nukleinsäure-Information. Beide Kriterien gelten nicht nur für die Viruserreger, sondern auch für die isolierte virale Nukleinsäure. Die Tatsache, daß es sich hierbei um obligat intrazelluläre Parasiten handelt, trifft auch auf andere Systeme zu. Die Rickettsien und Chlamydien stellen zum Beispiel kleine Bakterien dar, welche über DNS und RNS, Ribosomen sowie die meisten Stoffwechselwege verfügen. Sie besitzen eine Zellwand und vermehren sich intrazellulär durch Wachstum und Teilung ihrer Zelle. Das gleiche gilt für die offenbar vor Jahrmillionen von amöboiden Zellen aufgenommenen Urzellen, die Mitochondrien, die chemischen Kraftwerke der heutigen Zellen, sowie für die Chloroplasten, die Sonnenlichtkraftwerke der Pflanzen. Hier handelt es sich um obligat intrazelluläre Strukturen, von denen auch die Wirtszelle profitiert. Eine derartige Zusammenarbeit zum Nutzen beider Systeme wird als Symbiose bezeichnet.

Die Erwähnung der grünen Chloroplasten in der Pflanzenzelle möge dazu dienen, die Frage der Abhängigkeit von anderen Zellen oder Zellsystemen in einem etwas allgemeineren Rahmen zu betrachten. Tier und Mensch sind direkt oder als Fleischverzehrer indirekt auf Pflanzennahrung angewiesen. Nur die wohl von entwicklungsgeschichtlich alten blaugrünen Algenzellen abgeleiteten grünen Chloroplastenkörper der Pflanze sind in der Lage, aus Kohlendioxydgas und Wasser mit Hilfe des Sonnenlichtes organische Substanzen aufzubauen. (Diese Eigenschaft galt lange Zeit als so spezifisch, daß man die Bildung organischen Materials aus anorganischer Substanz auf künstlichem Wege für unmöglich hielt. Eines der vielen »Unmöglich«, das sich bald als falsch erwies: 1828 gelang dem Chemiker und Arzt FRIEDRICH WÖHLER die Synthese des organischen Harnstoffs aus dem anorganischen Ammoniumcyanat.)

Tier und Mensch sind gegenüber der Pflanze als »Parasit« zu bezeichnen. Daß wir heute in kleinem Maßstab künstliche organische Nahrung einschließlich der Vitamine herstellen können, spricht nicht gegen die obige natürliche Abhängigkeit. Ein konkurrenzfähiger Ersatz für die grüne Pflanzenzelle ist auch in Zukunft nicht in Sicht.

Daß die Viruserreger auf lebende Zellen angewiesen sind, spricht somit nicht unbedingt gegen ein Eigenleben. In zwei Punkten unterscheiden sich aber die infektiösen Makromoleküle völlig von den geschilderten Parasiten oder Symbionten, sie sind weder zum kontinuierlichen Wachstum noch zu einer Zellteilung fähig. Es sind eben keine Zellen mit Zellwand und Zellvolumen, sondern verpackte Nukleinsäuren; Produktionspläne, nach denen auf in den Zellen vorhandenen Maschinen eine Reproduktion der eigenen Struktur erfolgt. Wir können die viralen Krankheitserreger somit nicht als lebend bezeichnen, sie stehen auf der Grenze zum belebten Zellsystem. In äußerst geringer Menge können sie durch gezielte Fehlinformationen die Gesamtheit Zelle recht effektiv schädigen oder gar zur Auflösung bringen. Diese Schäden sind aber – wie bereits erwähnt – nicht Selbstzweck der Infektion, sondern Begleiterscheinungen der Virusvermehrung.

Nach dieser Behauptung müßte es also Viruspartikel geben, die sich ohne Krankheitseffekte in Zellen vermehren können.

Das Auffinden derartiger Viren ist zweifellos recht schwierig. Da der zellschädigende Effekt fehlt, kann die Entdeckung nur durch die direkte Auffindung der Viruspartikel im Elektronenmikroskop oder durch spezielle Untersuchungsmethoden auf virale Nukleinsäure erfolgen. Die berühmte Stecknadel im Heuhaufen ist dagegen ein Kinderspiel. Trotzdem gibt es erste Beweise für derartige Viren. Problematischer wird es noch, wenn die in der Zelle vagabundierende virale Nukleinsäure keine Information zur Bildung eines Hüllproteins besitzt. Hier gerät der Begriff des Viruspartikels völlig in Definitionsschwierigkeiten. In mühsamer Laboratoriumsarbeit gelang der Nachweis, daß es in verschiedenen Zellen tatsächlich derartige »freie Nukleinsäuren« gibt. So wurden in Bakterienzellen ringförmige, doppelstrangige Desoxyribonukleinsäure-Moleküle, sogenannte Plasmide, entdeckt (22). Diese Nukleinsäuren liegen außerhalb des Bakterien-DNS. Bedeutung erlangten diese freien DNS-Ringe, als sich herausstellte, daß sie zum Teil für die Ausbildung von Antibiotika-Resistenzen der Bakterien verantwortlich sind. Wird die in diesen DNS-Ringen vorhandene Information in Protein übersetzt, so entstehen Enzyme mit der Eigenschaft, bestimmte Antibiotika zu inaktivieren. Diese Nukleinsäureringe können von einer Bakterienzelle zur anderen über Plasmabrücken gelangen. Dabei kann es sogar zu einem Austausch zwischen völlig verschiedenen Bakterienarten kommen. Normalerweise können Informationen nur innerhalb einer Art auf genetischem Wege übertragen werden. So aber können harmlose Bakterienarten in der Darmflora derartige Resistenzfaktoren unter Umständen auf krankheitserregende Bakterien übertragen, die sodann gegen angewendete Antibiotika plötzlich resistent sind. Wir sehen, daß vagabundierende Nukleinsäureinformationen durchaus von praktischer Bedeutung sein können.

Die Bakterienzelle ist aber auf derartige freie Nukleinsäuren, im Gegensatz zu ihrer Chromosomen-DNS, nicht angewiesen. Sie kann auch ohne derartige Plasmide existieren. Ein Beweis hierfür ist die Tatsache, daß Bakterien Plasmide auch an das Außenmedium verlieren können, ohne im Stoffwechsel behindert zu sein. Danach würden bald in den Bakterienzellen gar keine Plasmide mehr vorhanden sein. Es muß also einen allgemeinen Mechanismus geben, der einen der beiden Plasmid-DNS-Stränge von einer Zelle auf eine andere überträgt. Anschließend muß es wieder zu einer Verdoppelung der DNS in jeder Zelle kommen. Tatsächlich wird in wenigen Fällen bei der Verdopplung dieser Nukleinsäure der eine Strang durch einen dünnen Plasmaschlauch zum benachbarten Bakterium übertragen. Viele derartige freie Nukleinsäuren können die Bildung derartiger »Verbindungstunnel« von sich aus anregen, sie sind autotransferabel. Auf diese Art und Weise können sie trotz fehlender Schutzhülle das für sie gefährliche Außenmedium überwinden. In der Abb. 11 ist die Ausbildung eines derartigen Verbindungstunnels dargestellt. Da in diesen Fällen nicht erst die Vermehrung der Zelle abgewartet werden muß, sondern Übertragung direkt von genetischer Information möglich ist, sprechen wir von einer »horizontalen« Informationsübertragung, die auch – wie bereits erwähnt – zwischen verschiedenen Zellarten möglich ist.

Auch Ribonukleinsäuremoleküle können sich durch spezifische Proteinanlagerung stabilisieren und ein gewisses Eigenleben innerhalb der Zelle erlangen. Ein derartiger Ribonukleinsäurekomplex des Einzellers Paramaeciums, des Pantoffeltierchens, kann sich sogar in Ziliaten autonom vermehren.

Stellen derartige Nukleinsäurestrukturen Viren dar? Im heutigen Sprachgebrauch wird mit Virion in der Regel eine intrazellulär selbstvermehrungs- sowie »selbstverpackungs«fähige Nukleinsäure bezeichnet. Plasmide und selbstvermehrungsfähige Boten-RNS innerhalb der Zelle stehen somit zwischen den Viren und den »normalen« Zellbestandteilen. Die Schwierigkeit bei der obigen Definition liegt natürlich darin, zu wissen, was »normale« Zellbestandteile eigentlich sind. Wir wissen zum Beispiel, daß die meisten Nukleinsäureinformationen einer Zelle normalerweise ruhen. Daneben gibt es auch Nukleinsäureinformationen, die offenbar für die Zelle keine Bedeutung haben. Um das Eigenleben der Nukleinsäuren vielleicht besser verstehen zu können, wollen wir uns zunächst noch einmal der Substanz »Nukleinsäure« zuwenden.

Das Nukleinsäuremolekül besitzt eine Reihe äußerst wichti-

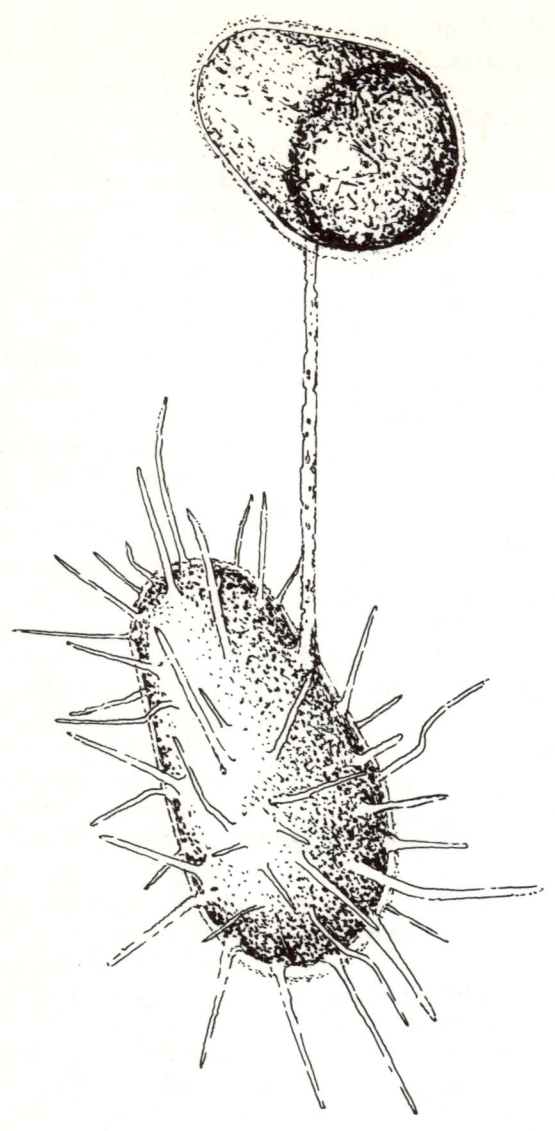

ger Eigenschaften. So kann es – wie wir gesehen haben – aufgrund der vier verschiedenen Nukleotidbausteine eine Fülle unterschiedlicher Anordnungen in der Molekülkette ausbilden. Diese erlaubt die Speicherung erheblicher Informationsmengen. Durch die unterschiedliche Reihenfolge, durch den Sequenzisomerismus, genügen vier verschiedene Bausteinarten, um fast unbegrenzte Möglichkeiten der Anordnung innerhalb der Kette zu schaffen.

Der Begriff der Isomerie spielt in der Natur eine allgemeine, entscheidende Rolle. Er besagt, daß Moleküle trotz gleicher Bausteinzusammensetzung und demselben Molekulargewicht physiko-chemisch unterschiedlich sind. In diesen Fällen sind die Bausteine unterschiedlich angeordnet. Genau diesen Sachverhalt finden wir ja in hohem Maße bei den Nukleinsäuren und Proteinen verwirklicht.

Auch einfache Kristalle können durch die Ausbildung verschiedener Kristallmodifikationen, verschiedener Bausteinanordnungen zusätzliche Informationen geben. So können der Mineraloge und Geologe aufgrund der Kristallklasse, Kristallform sowie eventueller Gitterstörungen viel über die Bedingungen zur Zeit der Kristallbildung aussagen. Ja, es gibt Kristallformen, die in Analogie zu den Ringen des Baumes über die verschiedenen Umweltbedingungen im Laufe ihrer Entstehung Kunde geben können.

Die Information ist um so größer, je mehr Kristallmodifikationen die Substanz in Abhängigkeit von den Umweltbedingungen ausbilden kann. Bedingungen wie Temperatur, Druck usw. entscheiden zum Beispiel darüber, ob aus Kohlenstoff der leuchtende Diamant oder schwarzer Graphit wird.

Schließlich muß eine weitere, wichtige Eigenschaft des Nukleinsäuremoleküls erwähnt werden. Durch Einwirkungen wie Temperatur, Strahlungsenergie oder Radioaktivität können einzelne Bausteine innerhalb der Molekülkette verändert werden. Derartige Veränderungen im biologischen Informationsspeicher Nukleinsäure werden wie geschildert mit dem Begriff Mutation bezeichnet. Die meisten dieser Mutationen stören die in der Nukleinsäure vorhandene Information derart, daß sie nicht mehr übersetzt und vervielfältigt werden kann. Damit ist dieses Molekül oder die entsprechende Zelle verloren. In seltenen Fällen ist aber durch eine Mutation eine, bezogen auf das jeweilige Vermehrungssystem, günstige Informationsänderung eingetreten. Diese Mutante besitzt unter den gegebenen Bedingungen dann einen Vermehrungsvorteil. Durch fortschreitende Anpassung der Makromoleküle und schließlich der Zellsysteme an die wechselnden Umweltbedingungen kann es somit zur Entwicklung neuer Systeme kommen. Wir sprechen hierbei vom Selektionsvorteil und von der Evolution der Lebewesen. Dieser Grundvorgang erscheint zunächst plausibel. Es ist durchaus vorstellbar, daß durch eine zufällige Nukleotidänderung innerhalb der Nukleinsäurekette im anschließenden Übersetzungsprodukt Protein eine Aminosäure derart gegen eine andere ausgetauscht wird, daß zum Beispiel die enzymatische Funktion innerhalb einer bestimmten Reaktion verbessert wird. Allein mit Änderungen der Information ist aber eine solche Entwicklung der selbstvermehrungsfähigen Systeme bis hin zum Menschen, auch bei einem Zeitraum von etwa 4 Milliarden Jahren, schwer erklärbar.

Bei den Viruserregern finden wir einige tausend Nukleotidbausteine, bei den Bakterienzellen einige Millionen und bei den Säugetierzellen bereits einige Milliarden Nukleotide innerhalb der Nukleinsäurekette. Das heißt, daß die Informations*menge* demnach im Laufe der Entwicklung enorm zugenommen hat. Wie kann man sich aber eine derartige Entwicklung vorstellen?

Luria und Dulbecco töteten mit ultraviolettem Licht Bakterienviren ab. Wurden wenige dieser inaktivierten Viruserreger zu Bakterien gegeben, so fand keine Vermehrung mehr statt. Die Bakterienzellen wurden nicht geschädigt. Wurden dagegen derartige inaktivierte Viruslösungen in hoher Konzentration zu entsprechenden Bakterienzellen gegeben, so kam es zur Neubildung von Viruspartikeln. Dabei konnte sichergestellt werden, daß es sich hierbei nicht um wenige noch vorhandene intakte Viruspartikel handelt.

Weitere Untersuchungen zeigten, daß durch eine Umverteilung von Virus-Desoxyribonukleinsäure intakte Nukleinsäureteile aus verschiedenen inaktivierten Viren zu einigen ganzen

Desoxyribonukleinsäureketten zusammenkommen. Dieser Vorgang wird als »Multiplicity«-Reaktivierung bezeichnet. Ein derartiger Austausch ist auch bei verschiedenen intakten Viruspartikeln möglich. Vermehren sich zum Beispiel die Grippe-Ribonukleinsäure-Viren mit den Eigenschaften $H_1$ sowie $N_1$ mit Grippeviren des Typs $H_2 N_2$ in einer Zelle, so finden sich unter den neugebildeten Viruserregern Typen der Zusammensetzung $H_1N_2$ sowie $H_2N_1$. Auch hier fand ein Austausch von Nukleinsäureteilstücken zwischen den beiden Virusnukleinsäuremolekülen statt. Die Bildung derartiger Mischtypen wird als genetische Rekombination bezeichnet. Es können aber auch aktive Viruserreger Nukleinsäurestücke eines inaktivierten Virusteilchens aufnehmen, übersetzen und vermehren. In diesem Falle sprechen wir von einer Kreuz-Reaktivierung.

Schließlich fand man auch für kürzere oder längere Dauer virusartige Nukleinsäurestücke in der Zellkernnukleinsäure.

Insgesamt zeigt es sich, daß Nukleinsäuren ganze Molekülstücke untereinander austauschen können. Dieser Vorgang wird auch »crossing-over« genannt. Die Nukleinsäuren können dadurch Informationen austauschen, sie können aber auch durch festes Anbinden zusätzliche erwerben.

Auf diesen Wegen vermögen Viruserreger Teile der Wirtsnukleinsäure und damit Zellinformation aufzunehmen und unter Umständen auf andere Zellen zu übertragen. Wir sprechen in diesen Fällen von einer Transduktion (23–25).

So vermag der Bakteriophage Lambda bei seiner Vermehrung in bestimmten Bakterien die Nukleinsäure-Information für das Enzym ß-Galaktosidase aufzunehmen und anschließend auf Zellen in der Gewebekultur zu übertragen. Wenn man für diese Versuche Humanzellen mit einem entsprechenden Enzymdefekt verwendet, so zeigen diese auch nach wiederholter Teilung eine normale Enzymsynthese. Darüber hinaus wurden aber in diesen Zellen auch virusspezifische Nukleinsäuren nachgewiesen – ein Zeichen dafür, daß sich die Virusnukleinsäure in der menschlichen Zelle vermehrt.

Analoge Versuche konnten sogar mit der Virusnukleinsäureinformation für ein virales Enzym durchgeführt werden. Hierbei wurde die Information für das Enzym Thymidinkinase mit Hilfe inaktivierter Lippenbläschenviren auf Mäusezellen übertragen.

Die Beispiele zeigen, daß der Austausch von Nukleinsäuren mit Hilfe von Viruspartikeln eher die Regel denn die Ausnahme ist. Auf diese Art und Weise haben lebende Systeme stets die Möglichkeit, sich parallel durch Mutation und Selektion entstandene, günstige Informationen in toto einzuverleiben – und das im wahrsten Sinne des Wortes.

Dabei haben sich die Zellen zum Teil auch weniger nützliche Informationen eingehandelt. So können Nukleinsäure-Informationen bestimmter Viren oder virusartiger Partikel zu unkontrolliertem Zellwachstum führen (26, 27).

Vermag eine Zelle hochmolekulare, informationshaltige Nukleinsäure direkt aus dem umgebenden Medium aufzunehmen, so bezeichnen wir diese Form der Informationsaufnahme als Transformation. Dabei wird in der Regel nur ein Teil der neuen Nukleinsäurekette in das Zellchromosom aufgenommen. Heute wird zumeist jede stabile Änderung der genetischen Zellinformation als Transformation bezeichnet. Hier liegen offensichtlich Parallelen vor zur Einverleibung ganzer Zellsysteme, wie im erwähnten Beispiel der Mitochondrien sowie Chloroplasten.

Schließlich ist es mit Hilfe abgetöteter Viruspartikel gelungen, verschiedenartige Zellen miteinander zu verschmelzen. Wir sprechen in diesen Fällen von einer Zellhybridisierung. Dabei gelang es nicht nur, Zellen relativ verwandter Spezies miteinander zu verschmelzen, sondern sogar Hybridisierungen zwischen Hamster- und Schildkrötenzellen durchzuführen. Derartige Zellverschmelzungen führen häufig zur Aktivierung »ruhender Virusinformationen«. Durch das Auftreten der zweiten Zelle wird gewissermaßen der beschriebene Burgfriede zwischen Virusnukleinsäure und Wirt gestört. Eine Verschmelzung gleichartiger Zellen in vivo findet zum Beispiel bei den erwähnten Lippenbläschenviren (Herpes-simplex-Viren) in den Lippenbläschen statt. Durch das Ineinanderfließen vieler Zellen kommt es zur sogenannten Riesenzellbildung. Diese ist für das Bild der Erkrankung mit verantwortlich.

Wir sehen aus diesen Untersuchungen, daß Zellen unter

bestimmten Bedingungen durchaus nicht so abgeschlossene Lebensbereiche darstellen, wie man häufig denkt.

Das belebte System Zelle steht gewissermaßen stets vor dem Problem, sich als Individuum nach außen hin abschließen zu müssen, auf der anderen Seite aber auch für neue Entwicklungen aufgeschlossen zu sein. Eine völlig abgeschlossene Zelle wäre nach kurzer Zeit »unmodern« und nicht mehr konkurrenzfähig. Lebende Systeme müssen daher einen Kompromiß zwischen abgeschlossener Individualität und Offensein für neuere Entwicklungen schließen. Man könnte den ständigen Nukleinsäureaustausch auch als entwicklungsgeschichtlich alte Form der Sprache bezeichnen. Die Viruserreger wären dann Briefe mit der Nukleinsäure als Schreiben und der Proteinhülle als Umschlag, spezialisiert auf »lange Übertragungswege«. Diese Briefe haben allerdings, wie wir sahen, die Eigenschaft, sich beim Empfänger u. U. zu vermehren und diesen »im Papier ersticken zu lassen«.

Informationsaustausch und Aufnahme in Form von Nukleotidsequenzen sind demnach ein für alle uns bekannten selbstvermehrungsfähigen Systeme gültiges Grundprinzip. Dabei muß es sich zweifellos um eine der ältesten »Sprachformen« handeln – eine Form, bei der es keine babylonische Sprachverwirrung, sondern nur *eine* Grundform der Informationsspeicherung und Weitergabe gibt.

Ist die Dichte der genetischen Nukleinsäureinformation allerdings besonders hoch, wie im Falle der modernen Säugetierzelle, so ist ein rascherer und vollständigerer Nukleinsäureaustausch erforderlich. Hier werden die in Form des Nukleinsäurematerials gesammelten Erfahrungen durch eine Zell- und Kernverschmelzung mit anschließender Teilung ausgetauscht. Es handelt sich um eine streng vertikale, geschlechtliche Vermehrung. Ein-auf-die-Reise-Schicken von einigen Billionen Molekulargewicht Desoxyribonukleinsäure wäre wohl doch zu riskant.

*Zusammenfassung:*

1. Viren stehen auf der Schwelle zwischen unbelebter und belebter Welt, sie sind Kristall *und* Krankheitserreger, Botschaften lebender Systeme.

2. Auch andere – subzelluläre – Strukturen wie Chloroplast oder Mitochondrium sind in Analogie zum Virus auf lebende Zellen angewiesen. Hierbei handelt es sich aber um eine Symbiose, ein für die Zelle wie Substruktur vorteilhaftes Zusammenleben.

3. Es gibt in verschiedenen Zellen »freie Nukleinsäuren«, die nicht der »Befehlsgewalt« des zellulären Erbmaterials unterliegen. Hierzu gehören die sogenannten Plasmide. Sie stehen gewissermaßen zwischen Zellstruktur und Virion.

4. Derartige Nukleinsäuren können zwischen verschiedenen Zellen wandern.

5. Nukleinsäuren besitzen vielfältige Möglichkeiten, Molekülstücke auszutauschen oder anzuknüpfen. Hierdurch können zahlreiche biologische Informationen im Reich der belebten Natur ausgetauscht werden.

6. Die Viren sind nicht immer Krankheitserreger, sondern können auch Boten neutraler oder positiver biologischer Information sein.

# 13. Fragen zum Ursprung und Ausblick

Es wurde mehrfach darauf hingewiesen, daß alle heute bestehenden selbstvermehrungsfähigen Systeme letzten Endes auf den gleichen biologischen Gesetzen beruhen, sie sprechen »die gleiche Sprache«. Heißt das nun, daß sie das Ergebnis eines einmaligen Ereignisses sind? Diese Frage läßt sich zur Zeit nicht beantworten. Die im Kapitel 6 erörterten Befunde lassen beim Genetischen Code die Schlußfolgerung zu, daß es eventuell in entwicklungsgeschichtlich früher Zeit einen Dinukleotid-Code gab. Eine derartige Interpretation würde gegen ein einmaliges Ereignis in der Entstehung der – noch heute geltenden – biologischen Grundgesetze sprechen. Vielmehr hätten wir analog zur Evolution der Arten eine präbiotische Evolution der Moleküle und ihrer Reduplikationsgesetze zu erwarten. Es besteht durchaus die Möglichkeit, daß in dieser frühen Phase der Entstehung des Lebens auch zeitweise mehrere Grundmodelle der Molekülvermehrung nebeneinander existierten. Nur wird das effektivste Modell – das heutige – die anderen bald verdrängt haben. Das heutige, relativ stabile Nebeneinander der Arten dürfte aufgrund der Zugehörigkeit zu einem gemeinsamen biologischen Grundsystem, dem Trinukleotid-Code, möglich sein. Auf die viralen Erreger übertragen, kann man sagen, daß die Möglichkeiten der Anpassung für den Angreifer etwa gleich groß sind wie für den Verteidiger Zelle oder Organismus. Erstmals seit der Entstehung des Lebens vermag nun ein Teil dieser Entwicklung, der Mensch, bewußt in die geschilderten Vorgänge einzugreifen – mit allen Chancen und Risiken.

Das Gesagte bringt uns zwar einem Verständnis der Gleichgewichte zwischen Erreger und Wirt näher, woher kommen aber überhaupt die Krankheitskeime? Waren die Zellen und Organismen vielleicht ursprünglich so vollkommen, daß es gar keine Krankheiten gab? Die biologische Entwicklung der lebenden Systeme hatte ja schließlich Zeit genug, derartig perfekte Zellen zu schaffen. Haben sich erst später in der Entwicklung Zellen oder Zellbestandteile selbständig gemacht und ihre Vermehrung auf die Hilfe anderer Zellen umgestellt?

Diese Fragen lassen sich heute noch nicht abschließend beantworten. Es spricht aber vieles dafür, daß die »vagabundierenden infektiösen Nukleinsäuren« entwicklungsgeschichtlich gesehen alt sind.

Hierfür spricht zum Beispiel, daß es für die älteren kernlosen (prokaryotischen) Zellen, wie zum Beispiel Bakterien, ebenso schon virale Erreger gibt, wie für die jüngeren kernhaltigen Entwicklungsformen. Fossile Reste kernloser Zellen liegen wahrscheinlich in den bereits etwa 3,5 Jahrmilliarden alten Mikrokugeln der Onverwacht-Formation Süd-Afrikas vor. Sie haben einen Durchmesser von ungefähr 20 μm (Tausendstel-Millimeter) und bestehen heute fast nur noch aus Kohlenstoff.

Schließlich gehört der größere Teil der bekannten Viruserreger zu den einfacheren Ribonukleinsäure-Partikeln. Die Ribonukleinsäure ist aber wahrscheinlich in ihrer Entwicklung älter als die Desoxyribonukleinsäure, da eine Proteinbildung in jedem Falle nur von einer Ribonukleinsäurekette aus möglich ist. Bei desoxyribonukleinsäurehaltigen Systemen, wie zum Beispiel jede heutige Zelle, müssen ja vom Desoxyribonukleinsäure-Molekül erst Ribonukleinsäure-Kettenstücke gebildet werden, damit die biologische Information in Protein umgewandelt werden kann.

Die Größe der viralen Nukleinsäuren liegt ferner im gleichen Bereich wie die der sicherlich entwicklungsgeschichtlich sehr alten Proteinsynthesemaschinen, der Ribosomen. Liegt das Molekulargewicht der Nukleinsäuren aus Viruserregern, Ribosomen oder den Atmungskraftwerken, den Mitochondrien, bei mehreren Millionen, so beträgt die Größe der Nukleinsäure-Informationsspeicher kernloser Zellen, wie zum Beispiel der Bakterien oder der grünen Pflanzenkörner Chloroplasten, mehrere Milliarden. Bei den später entwickelten kernhaltigen Zellen, wie wir sie bei allen höheren Pflanzen sowie bei Tier und Mensch kennen, betragen die entsprechenden Werte bereits mehrere Billionen.

Die während der Entstehung biologischer Systeme stattfindende Ansammlung von Information spiegelt sich auch in der Entwicklung des Gehirnvolumens wider. Besitzt der sich vor etwa 10 Jahrmillionen entwickelnde Schimpanse noch ein Schädelvolumen von ungefähr 0,4 Liter, so verfügt der vor 1,5 bis 2 Millionen Jahren lebende Australopithecus nach Funden in der Oldovai-Schlucht über 0,5 Liter. Weitere Beispiele auf dem langen Weg zum heutigen Menschen sind der 1 bis 1,5 Millionen Jahre alte Homo erectus Pekinensis mit 1 Liter und der 0,5 bis 1 Millionen alte Neandertaler mit etwa 1,5 Liter Hirnvolumen. Der erst wenige Jahrzehntausende alte Jetztmensch erreicht Schädelgrößen bis zu 2 Liter. Neben der reinen Größe des Gehirns spielt selbstverständlich der jeweilige Grad der Strukturierung und Leistungsfähigkeit eine große Rolle.

Aus Modellexperimenten und Überlegungen zur Entstehung des Lebens kann geschlossen werden, daß es von Anfang an Nukleinsäuren gab, die sich mit der Hilfe anderer Nukleinsäuresysteme vervielfältigten. Vom Standpunkt des höher entwickelten Systems würden wir von einem »Krankheitserreger« sprechen, falls es dabei zu Benachteiligungen des Wirtssystems käme. Ohne eine derartige Parteinahme muß aber wertfrei gesagt werden, daß *alle* Nukleinsäuren mit biologischer Information Teile einer Gesamtentwicklung darstellen, mit einer gemeinsamen Sprache und einem gemeinsamen Lebensraum, der Erdoberfläche. Ob es derartige selbstvermehrungsfähige Systeme auch auf anderen Planeten im Weltall gibt, kann heute noch nicht beantwortet werden. Mit Sicherheit haben aber einfachste biologische Informationen in der Form von Viruspartikeln oder Bakteriensporen lange vor den ersten Astronauten die Lufthülle mit Hilfe des Sonnenwindes verlassen. Ob sie jemals bei Systemen gleicher Sprache angekommen sind, wird wohl stets ein Rätsel bleiben.

Das biologische Gesamtsystem Nukleinsäure/Protein setzt seine Teilbereiche einem ständigen Wettbewerb aus. Tritt die biologische Konkurrenz von außen in Erscheinung, so nennen wir sie »Angreifer« oder »Feind«; wird dagegen das Fremd-Nukleinsäuresystem im Inneren des entsprechenden Organismus wirksam, so wird der Vorgang als »Krankheit« bezeichnet. Das gesunde Individuum kann danach als eine zeitlich begrenzte Insel der »inneren Konkurrenzlosigkeit« angesehen werden. Das wird um so leichter möglich sein, je vollkommener der freiwillige Interessenausgleich des Zusammenschlusses wie Organismus oder Organisation verwirklicht wurde.

Das Prinzip des überadditiven, neuartige Strukturen bildenden Zusammenschlusses ist entwicklungsgeschichtlich sehr alt: Zunächst entstanden aus den physikalischen Elementarteilchen die verschiedenen Atome, von denen heute nur noch ein Teil existiert. Die zahlreichen instabilen, radioaktiven Atome zerfielen mehr oder weniger rasch. Heute gibt es nur noch sehr wenige »natürlich radioaktive« Elemente auf der Erde, wie zum Beispiel das Uran, Thorium oder Kalium. Das heißt aber, daß die Radioaktivität zur Zeit der Entstehung selbstvermehrungsfähiger sowie infektiöser Makromoleküle wesentlich höher gewesen sein muß als heute. Trotzdem ist die Entwicklung biologischer Systeme dadurch nicht blockiert, sondern womöglich begünstigt worden. Aus den stabilen Atomen entstanden nach vorgegebenen Naturgesetzen bald die verschiedensten Verbindungen, die Moleküle. Durch ein Aneinanderfügen zahlreicher Molekülbausteine bildeten sich sodann vielfältige Makromolekülketten.

Die Zusammenlagerung geeigneter Moleküle und Makromoleküle ergab einfache Vorläufer der heutigen Viren und Zellen. Im Gegensatz zu den ersten physiko-chemischen Reaktionen wissen wir über die letztgenannten biologischen Vorgänge nocht recht wenig. Zellaggregationen führten zu ersten primitiven Organismen, schließlich zu Pflanze, Tier und Mensch. Diese schlossen sich zum Teil zu den oben bereits erörterten Lebensgemeinschaften zusammen.

Diesen natürlichen Zusammenschlüssen gemeinsam ist die stets noch vorhandene Freiheit der Teile im Rahmen des Ganzen, seien es nun das Chlorophyll-Sonnenkraftwerk der Pflanze, die Zelle im Organverband oder das Einzelindividuum in der Gemeinschaft. Wäre das nicht der Fall, so könnten zum Beispiel aus Organen isolierte Zellen nicht künstlich in Gläsern weitergezüchtet werden.

Extrapolieren wir das Gesagte auf die weitere Entwicklung der Menschheit, so müßte für ein organisches Zusammenwachsen der vielen Einzelindividuen als Grundvoraussetzung einer Kommunikation zunächst eine gemeinsame Sprache geschaffen werden. Im weiteren Sinne bedeutet das die Einhaltung gemeinsam geschaffener Spielregeln sowie eine Verwandtschaft in der Denkweise. Ferner müßte die Zahl der Einzelindividuen ähnlich wie bei jeder Zelle oder bei jedem Organismus bezogen auf den möglichen Lebensraum – in diesem Falle die Erdoberfläche – konstant gehalten werden. Vom theoretischen Standpunkt aus müßte die Bildung eines derartigen »Überorganismus« möglich sein. Auch im Organismus sind Milliarden von Zellen zu einer funktionellen Einheit zusammengefaßt. Trotzdem ist die Wahrscheinlichkeit, daß die Erde zu einer Insel der »inneren Konkurrenzlosigkeit« wird, sehr gering. Eine Zusammenlagerung zu übergeordneten biologischen Systemen erfolgte in der Entwicklung offenbar immer dann, wenn es galt, sich gegenüber ähnlichen Entwicklungen der Umgebung durchzusetzen. Das heißt, es wurde ein Bereich der »inneren Konkurrenzlosigkeit« geschaffen, um nach außen hin an Konkurrenzfähigkeit zu gewinnen. Dieses nach außen fehlt aber, wenn wir die gesamte Erde als Einheit betrachten. Im Sonnensystem sowie in der unmittelbaren Umgebung ist kein Planet mit einer vergleichbaren biologischen Besiedlung bekannt. Damit entfällt aber ein wichtiger Zwang zum natürlichen Zusammenschluß. Mit diesen Gedanken haben wir uns nun schon recht weit von den Anfängen der selbstvermehrungsfähigen und infektiösen Makromoleküle entfernt.

Betrachten wir die vier Milliarden Jahre lange wundersame Entwicklung von den ersten Molekülen bis hin zum Menschen, so erhebt sich die Frage nach dem Wohin. Nach dem Gesagten müßte es möglich sein, die meisten Krankheiten eines Tages völlig unter Kontrolle zu bekommen. Würde es uns ebenfalls gelingen, die Unfallursachen analog zu reduzieren, so würde damit eine Lebenserwartung von etwa 100 Jahren theoretisch möglich sein. Dabei müßte allerdings darauf geachtet werden, daß im Laufe der Jahrhunderte sich nicht Erbkrankheiten in gefährlicher Weise anreichern. Diese ebenso wichtige wie problematische Aufgabe würde gewissermaßen der Preis für die Freiheit von Krankheit und Leiden sein.

In diesem Zusammenhang stellt sich die Frage, ob nicht die unter Kontrolle gebrachten Erreger der Krankheiten in ganz anderer Form die obigen Probleme lösen helfen können. Wir haben zwar im Rahmen der Diskussion der Überlebenskurven bereits darauf hingewiesen, daß eine Verschiebung des maximalen Lebensalters auch in der Zukunft sehr unwahrscheinlich sein wird. Da der Traum vom ewigen Leben aber bald so alt ist wie die Menschheit selbst, sollen hier zumindest einige theoretische Überlegungen dargelegt werden:

Wir können das Problem in zwei Teile untergliedern: einmal die Beeinflussung der genetischen Information in den einzelnen Körperzellen; zum anderen die genetisch stabilen, vererbbaren Änderungen in den Erbanlagen.

Für beide Prozesse wäre die gezielte Übertragung spezifischer biologischer Information in die Desoxyribonukleinsäure notwendig. Wie wir gesehen haben, vermögen virusartige Boten einige Millionen Molekulargewicht Nukleinsäure zu transportieren. Die menschlichen Zellen verfügen aber über mehrere Billionen Molekulargewicht Nukleinsäureinformation. Daraus ergibt sich bereits ein Verhältnis von 1:1-Million. Die nach heutigen Erkenntnissen übertragbaren biologischen Informationsmengen sind, verglichen mit den vorhandenen, äußerst gering. Das weit größere Problem bestünde aber darin, die spezifische Information in die entsprechende Stelle der vorhandenen Nukleinsäuren einzufügen. Am ehesten wären Erfolge bei Stoffwechselerkrankungen wie Enzymdefekten zu erwarten. Hier könnte das entsprechende Enzymprotein in Form von Nukleinsäure-Anweisung in die entsprechenden Körperzellen übertragen werden. Eine derartige Heilung wäre für das jeweilige Individuum von großer Hilfe, wäre jedoch genetisch nicht übertragbar. Die praktische Realisierbarkeit dürfte aber sicher noch Jahrzehnte intensivster Forschungsarbeit erfordern.

Eine genetisch stabile, auf die Nachkommen übertragbare Heilung dürfte demgegenüber nach heutiger Kenntnis für lange Zeit unmöglich sein. Darüber hinaus bestünde die Gefahr, daß neben den erwünschten auch unerwünschte biologische Informationen übertragen würden.

Nach dem heutigen Stand des Wissens kaum übersteigbar sind ebenfalls die Schwierigkeiten auf dem Wege zur Verlängerung des maximalen Lebensalters. Da wir nicht wissen, warum ein Mammutbaum 4000 Jahre, ein Mensch 110 Jahre und ein Pferd etwa 60 Jahre alt werden können, sind hier selbst theoretische Ansätze nicht möglich. Davon unabhängig muß man sich aber die Frage stellen, inwieweit es »sinnvoll« ist, ein ewiges Leben, besser gesagt – langes Leben – überhaupt anzustreben. Vom Standpunkt des Lernens aus wäre eine Lebensverlängerung zweifellos zu begrüßen. Die Fülle des Wissens hat in den letzten Jahrzehnten ein derartiges Ausmaß angenommen, daß es für die Zukunft immer schwerer sein wird, diese Wissensmengen jeweils der neuen Generation zu vermitteln. Kindheit und Lernphase erreichen bereits heute beim Menschen fast ein Drittel seiner Lebensspanne. Durch Spezialistentum ist dieser Entwicklung nur teilweise zu begegnen, da sonst eines Tages die verschiedenen Gruppierungen miteinander gar nicht mehr werden reden können. Das ist aber, wie wir gesehen haben, eine unbedingte Voraussetzung für die weitere Gesamtentwicklung. Auch die Speicherung des erreichten Wissens in Computeranlagen ist nur eine Teilhilfe. Das kreative In-Beziehung-Setzen der Einzelfakten wird noch lange Zeit eine Domäne des menschlichen Gehirns sein. Durch eine Vergrößerung der Lebenserwartung auf 200 oder 300 Jahre würde der Anteil des Lernprozesses an dieser Spanne wesentlich verringert werden. Da aber – wie gesagt – ein derartiger Vorgang zur Zeit nicht im Rahmen der Realisierbarkeit liegt, verfiel man wiederum auf die infektiösen Makromoleküle. Wenn man mit Hilfe von virusartig verpackten Nukleinsäuren krankmachende Informationen übertragen kann – und vielleicht in einiger Zeit auch gesundmachende Informationen –, so liegt der Gedanke nahe, auch Lerninhalte mittels Nukleinsäuren zu übertragen. Es gibt erste experimentelle Unterlagen dafür, daß auch Lerninformationen – zum Teil zumindest – in der Form von Nukleinsäuren im Gehirn gespeichert werden. Doch sind diese Prozesse ebenfalls noch zu wenig bekannt, als daß hieraus bereits praktische Überlegungen abgeleitet werden könnten.

In dem Maße, wie es gelingen wird, Art und Transportform der biologischen Informationen besser zu verstehen, werden, langfristig gesehen, die Möglichkeiten wachsen, die Krankheiten wirksamer zu bekämpfen. Die durch Maßnahmen der Hygiene, durch Arzt und Arznei erzielten Erfolge berechtigen zu dieser Ansicht. Zur Zeit der Römer erreichte die Hälfte der Lebendgeborenen nicht einmal ein Alter von 25 Jahren, heute sind es bereits im Durchschnitt 75 Jahre. Bei diesen Erfolgen ist noch zu bedenken, daß in den letzten Jahrzehnten Bevölkerung sowie Verkehrsdichte stark zugenommen haben – Faktoren, welche die Ausbreitung von Krankheiten begünstigen. Aus diesen Gründen muß der Entwicklung der viralen Erreger besondere Aufmerksamkeit gewidmet werden. Zufällig oder zum Beispiel wissenschaftlich bewußt entstandene Gebilde wie Grippeviren mit Nukleinsäurestücken der Kinderlähmung oder das bereits reale Beispiel eines plötzlich auch für Affe und Mensch pathogenen Mäuse-Krebsvirus geben Anlaß zu großer Wachsamkeit. In mehreren Ländern wurde daher bereits eine

Meldepflicht für Experimente mit der »biologischen Information« wie Virus oder Gen-DNS vereinbart. Die Forschung ist sich der Gefahren bewußt und wird vermehrt neben wissenschaftliche Neugier und dem Drang zum Fortschritt auch Vorsicht und Verantwortung setzen.

# 14. Literaturhinweise

*Weiterführende Bücher*
Die Biochemie der Viren
G. Schramm
Springer Verlag, Berlin/Heidelberg/New York 1954

Molekular-Biologie
Th. Wieland und G. Pfleiderer
Umschau Verlag, Frankfurt 1967

Molekulare Prozesse des Lebens
D. E. Green und R. F. Goldberger
Springer Verlag, Berlin/Heidelberg/New York 1971

Kurzes Lehrbuch der Biochemie
P. Karlson
G. Thieme Verlag, Stuttgart 1974

Baupläne des Lebens
G. Schramm
R. Piper u. Co. Verlag, München 1971

Nukleinsäuren
D. Beyersmann
Verlag Chemie, Weinheim 1971

Medizinische Mikrobiologie
E. Jawetz, J. L. Melnick und E. A. Adelberg
Springer Verlag, Berlin/Heidelberg/New York 1973

Bakterien, Viren, Pilze
G. Linzenmeier, E. Kuwert und D. Hantschke
Urban u. Schwarzenberg, München 1973

Molecular Basis of Virology
H. Fraenkel-Conrat
Reinhold Book Corp., New York/Amsterdam/London 1968

Grundriß der allgemeinen Virologie
G. Starke und P. Hlinak
G. Fischer Verlag, Stuttgart 1972

Virus und Viruskrankheiten
G. Schuster
A. Ziemsen Verlag, Wittenberg 1972

A Textbook of Plant Virus Diseases
Smith
Academic Press, New York 1973

The Biology of Animal Viruses
Fenner et al.
Academic Press, New York 1974

Chemistry of Viruses
C. A. Knight
Springer Verlag, Wien/New York 1975

Kompendium der allgemeinen Virologie
M. Horzinek
Verlag Paul Parey, Berlin/Hamburg 1975

*Zitate*

1. Ivanovski, D.:
Über die Mosaikkrankheit der Tabakpflanze.
Cbl. Bakteriol. 2E, *5*, 250–254 (1899)
2. Beijerinck, M. W.:
Over een Contagium vivum fluidum als oorsaak van de Vleziekte der Tabaksbladen.
Verslag. Kon. Akad. V. Wetenschap. Amsterdam, *7*, 229–235 (1898)
3. Beijerinck, M. W.:
Über ein Contagium vivum fluidum als Ursache der Fleckenkrankheit der Tabaksblätter.
Cbl. Bakteriol. 2E, *5*, 27–33 (1899)
4. Loeffler, F. und Frosch, P.:
Bericht der Kommission zur Erforschung der Maul- und Klauenseuche.
Z. Bakteriol. Parasitenkunde *23*, 371–391 (1898)
5. Cohen, S. S. u. Stanley, W. M.:
The molecular size and shape of the nucleic acid of tobacco mosaic virus.
J. Biol. Chem *144*, 589 (1942)
6. Gierer, A.:
Structure and biological function of ribonucleic acid from tobacco mosaic virus.
Nature *179*, 1297 (1957)
7. Stanley, W. M.:
Isolation of crystalline protein possessing the properties of tobacco mosaic virus.
Science *81*, 644–645 (1935)
8. Hershey, A. D. u. Chase, M.:
Independent functions of viral protein and nucleic acid in growth of bacteriophage.

J. Gen. Physiol. *36*, 39–56 (1952)

9. Gierer, A. u. Schramm, G.:
Infectivity of ribonucleic acid from tobacco mosaic virus.
Nature *177*, 702–703 (1956)

10. Gierer, A. u. Schramm, G.:
Die Infektiosität der Ribonucleinsäure des Tabakmosaikvirus.
Z. Naturforsch. *116*, 138–142 (1956)

11. Fraenkel-Conrat, A., Singer, B., u. Williams, R. C.:
Infectivity of viral nucleic acid.
Biochem. Biophys. Acta *25*, 87–96 (1957)

12. Schramm, G.:
Über die Spaltung des Tabakmosaikvirus in niedermolekulare Proteine und die
    Rückbildung hochmolekularen Proteins aus den Spaltstücken.
Naturwissenschaften *31*, 94 (1943)

13. Bancroft, J. B.:
The self-assembly of spherical plant viruses.
Adv. Virus Res. 16, 99 (1970)

14. Caspar, D. L. u. Klug, A.:
Physical principles in the construction of regular viruses.
Cold Spring Habor Symposium *27*, 1–24 (1962)

15. Martini, G. A. et al.:
Über eine bisher unbekannte, von Affen eingeschleppte Infektionskrankheit:
    Marburg-Virus-Krankheit.
Dtsch. med. Wschr. *93*, 559 (1968)

16. Siegert, R. et al.:
Zur Ätiologie einer unbekannten, von Affen ausgegangenen menschlichen
    Infektionskrankheit.
Dtsch. med. Wschr. *92*, 2341–2343 (1967)

17. Shu, H. L., Siegert, R. u. Slenczka, W.:
Zur Pathogenese und Epidemiologie der Marburg-Virus-Infektion.
Dtsch. med. Wschr. *93*, 2163–2165 (1968)

18. Vigier, P.:
RNA oncogenic viruses: Structure, replication and oncogenicity.
Progr. Med. Virol. *12*, 240–283 (1970)

19. Pollmann, W.:
Einfluß von Myxoviren auf die Freisetzung von Wirkstoffen aus Kaninchengra-
    nulozyten.
Habilitationsschrift. Marburg 1968

20. Porter, D. D.:
A quantitative view of the slow virus landscape.
Progr. Med. Virol *13*, 339–372 (1971)

21. Hilleman, M. R.:
Toward control of viral infections in man.
Science *164*, 506–514 (1969)

22. Wolstenholme, A. u. O'Connor, M.:
Bacterial Episomes and Plasmids.

Ciba Foundation Symposium. Little Brown. 1969

23. Merril, C. R., Geier, M. R. u. Petricciani, J. C.:
Bacterial virus gene expression in human cells.
Nature *233*, 398–400 (1971)

24. Munyon, W. et al.:
Transfer of thymidinekinase to thymidinekinaseless L cells by infection of ultraviolet-irradiated herpes simplex virus.
J. Virol 7, 813–820 (1971)

25. Horst, G., Kluge, F., Beyreuther, K. u. Gerok, W.:
Gene transfer to human cells.
Proc. Nat. Acad. Sci. *72*, 3531–3535 (1975)

26. Lancaster, W. D., u. Meinke, W.:
Persistence of viral DNA in human cell cultures infected with human papilloma virus.
Nature *256*, 434–435 (1975)

27. Joncas, J. H., Menezes, J. u. Huang, E. S.:
Persistence of CMV genome in lymphoid cells after congenital infection.
Nature *258*, 432–433 (1975)

# 15. Verzeichnis wichtiger Begriffe

*A; C; G; U sowie T*
Symbole für die Basen der Nukleotidbausteine:
Adenin, Cytosin, Guanin, Uracil, Thymin.

*Aminosäure*
Baustein der Eiweißstoffe (Proteine).

*Antikörper*
Von der Immunabwehr des Organismus spezifisch gegen Fremdeiweiß gebildete Proteine.

*Bakteriophage*
Virus, das sich in Bakterienzellen vermehrt (Bakterien-Fresser).

*Base*
Basisch reagierender Stoff; hier: die basischen Bestandteile der Nukleotide – nämlich Adenin, Cytosin, Guanin, Uracil bzw. Thymin.

*bit*
Quantitativer Begriff für die Informationsmenge. 1 bit = 1 Ja/Nein-Entscheidung.

*Chloroplast*
Subzelluläre Strukturen, die den grünen Blattfarbstoff enthalten (Ort der Photosynthese).

*Chromosomen*
DNS-haltige, schleifenförmige Bestandteile des Zellkerns. Träger der Erbanlagen.

*Desoxyribose*
Zuckermolekül der DNS.

*DNS*
Desoxyribonukleinsäure.

*Doppelhelix (s. Helix)*
z. B. zwei komplementäre, umeinander gewundene Nukleinsäuremolekülketten.

*Enzyme*
Proteine, welche chemische Reaktionen unter physiologischen Bedingungen beschleunigen (Katalysator).

*Epidemie*
Seuchenhafte Ausbreitung eines Erregers über ein Land oder einen Kontinent.

*Gen*
DNS-Abschnitt auf dem Chromosom, der *ein* funktionelles Protein (z. B. Enzym) codiert.

*Genetischer Code*
Codierung der Sequenz der 20 Aminosäuren in einem Protein durch bestimmte Trinukleotide (s. u.) entlang der Ribonukleinsäure.

*Glykolyse*
Abbau der Glucose zu Milchsäure (Energiegewinnung ohne Sauerstoffverbrauch).

*Helix*
Schraubenförmiger (gedrehter) Verlauf.

*Ikosaeder*
Regelmäßiger Körper aus 20 gleichseitigen Dreiecken. 12 fünfachsige Ecken.

*Immunabwehr*
Bildung spezifischer Proteine (Antikörper) gegen Fremdstrukturen (Antigen).

*Inkubationszeit*
Zeitspanne zwischen der Aufnahme des Erregers (Infektion) und dem Auftreten der ersten Krankheitssymptome.

*Interferon*
Natürlich gebildeter Abwehrstoff (Glycoprotein) gegen virale Erreger (relativ unspezifisch).

*Isomerie*
Unterschiedliche Anordnung der gleichen Atome in einem Molekül oder Kristallgitter.

*Kryptogramm*
Kurzform (z. B. der Viruseigenschaften).

*Letalität*
Todesfälle auf 100 Erkrankte.

*Lipid*
Fettartige Bestandteile (z. B. in der Zellmembran).

*Lymphe*
Antikörperhaltige, farblose Flüssigkeit.

*Makromolekül*
Großmoleküle mit einem Molekulargewicht über etwa 10 000.

*Matrix*
Struktur, an der ein räumlich analoger Abdruck erfolgen kann (z. B. Druckvorlage, aber auch z. T. Nukleinsäuremoleküle).

*Mitochondrium*
Untereinheit der Zelle. Liefert durch Abbau organischer Verbindungen die chemische Energie.

*Molekulargewicht*
Relative Angabe des Molekülgewichtes (-masse) in Masseneinheiten. Ein Wasserstoffatom hat z. B. die Masse 1,008.

*Morbidität*
Todesfälle (verursacht durch die Ursache X), bezogen auf 100 000 Einwohner.

*Mutante*
Genetisch stabile (vererbliche) Veränderung in einer Nukleinsäure.

*Nukleinsäure*
Makromolekülkette aus z. T. Tausenden von Bausteinen, den Nukleotiden.

*Nukleokapsid*
Proteinhülle, die direkt die Nukleinsäure des Virions umhüllt.

*Nukleotid*
Baustein der Nukleinsäuren. Normalerweise enthalten RNS oder DNS jeweils 4 unterschiedliche Nukleotide.

*oncogen*
krebserzeugend.

*Pandemie*
Weltweite seuchenhafte Ausbreitung eines Erregers.

*pathogen*
krankmachend.

*Pathogenese*
Krankheitsentstehung.

*Phage (s. Bakteriophage)*
Viren, die sich in Bakterienzellen vermehren.

*Plasmid*
Im Zytoplasma (extrachromosomal) vorliegende DNS-Ringe.

*Polymerasen*
Enzyme, welche (z. B.) die Bildung von Nukleinsäuren aus energiereichen Nukleotiden katalysieren.

*Polysaccharid*
Makromolekulare Ketten aus Zuckermolekülen (z. B. Cellulose).

*Prognose*
Vorhersage des Krankheitsverlaufs.

*Proteine*
Hauptbestandteil aller Zellen und Viren. Kettenförmige Makromoleküle (»Eiweiß«). Bausteine sind ca. 20 verschiedene Aminosäuren.

*Protoplast*
Zelle ohne Zellwand (aber Zellmembran).

*Reservoir*
Vorrat. Hier: Organismen, welche Träger und Überträger eines Erregers sind, ohne u. U. selber zu erkranken.

*Reverse Transcriptase*
Polymerase, die an einer RNS als Matrix DNS synthetisiert.

*Ribose*
Zuckermolekül der RNS.

*Ribosom*
Untereinheit aller Zellen. Stellt eine molekulare Proteinsyntheseanlage dar.

*RNS*
Ribonukleinsäure.

*Sequenzisomerie*
Unterschiedliche Reihenfolge verschiedener Bausteine in einem Kettenmolekül.

*Symbiose*
Zusammenwirken verschiedener biologischer Strukturen zum gemeinsamen Nutzen.

*Transcription*
Übertragung der biologischen Information von der DNS auf RNS.

*Transduktion*
Übertragung genetischer Information (Nukleinsäure).

*Transformation*
Genetisch stabile Zellveränderung durch Nukleinsäureübertragung (z. B. krebsartige Entartung).

*Translation*
Übersetzung der biologischen Information von der RNS in Protein (s. Ribosom).

*Trinukleotid*
Einheit aus jeweils 3 Nukleotiden auf der Nukleinsäure, die je eine bestimmte Aminosäure definieren (s. Genetischer Code).

*Vektor*
Bezeichnet in der Virologie andere Spezies, speziell beißende oder saugende Insekten, welche Viren übertragen.

*Virion*
Neuere Bezeichnung für das infektiöse Viruspartikel.

*Virulenz*
Infektionskraft und Vermehrungsfähigkeit von Erregern.

*Virus*
Nicht-zellulärer, selbstvermehrungsfähiger Nukleinsäure-Protein-Komplex.

*Wirt*
Zelle, in der sich ein Erreger vermehren kann.

*Wirtsspektrum*
Zellarten (Spezies), in denen sich der Erreger vermehren kann.

*Zellhybridisierung*
Genetische Vereinigung zweier verschiedener (z. B. somatischer) Zellen.

*Zellkern*
Untereinheit der höher entwickelten Zelle. Enthält das Erbmaterial, die DNS.

*Zellmembran*
Lipidhaltige bewegliche Proteinhülle der Zelle.

*Zytoplasma*
Flüssiger Inhalt der Zelle, außerhalb der zellulären Untereinheiten wie Zellkern etc.